Michael Markussen

Pedoökologische Folgen des mennonitischen Landnutzungssystems im Oriente Boliviens (Departamento Santa Cruz)

„Veränderungen der traditionellen Landnutzung
aufgrund des Bevölkerungsdrucks
im eigenen Land,
sollen untersucht werden."

geforderte Maßnahme zur Nachhaltigen Entwicklung,
aus: AGENDA 21 (BMU 1997, S. 28)

Michael Markussen

PEDOÖKOLOGISCHE FOLGEN DES MENNONITISCHEN LANDNUTZUNGSSYSTEMS IM ORIENTE BOLIVIENS (DEPARTAMENTO SANTA CRUZ)

ibidem-Verlag
Stuttgart

Die Deutsche Bibliothek - CIP-Einheitsaufnahme:

Ein Titeldatensatz für diese Publikation ist bei
Der Deutschen Bibliothek erhältlich

∞

Gedruckt auf alterungsbeständigem, säurefreien Papier
Printed on acid-free paper

ISBN: 978-3-89821-189-5

Printed in Germany

Inhaltsverzeichnis

INHALTSVERZEICHNIS 5

VERZEICHNIS DER ABBILDUNGEN 8

VERZEICHNIS DER TABELLEN 10

VERZEICHNIS DER KARTEN 12

VERZEICHNIS DER FOTOS 12

ABKÜRZUNGEN 13

VORWORT UND DANKSAGUNG 19

1. EINLEITUNG 21

1.1 Problemstellung und Zielsetzung 21

1.2 Forschungsstand 23

2. GEOÖKOLOGISCHE RAHMENBEDINGUNGEN IM UNTERSUCHUNGSGEBIET 27

2.1 Geographische Lage und naturräumliche Einordnung 27

2.2 Makro- und Mesoklima 30

2.3 Geologie und Geomorphologie 32

2.4 Vegetation 36

2.5 Hydrologische Verhältnisse 39

2.6 Landnutzung im Untersuchungsgebiet 40

3. HISTORISCHE GRUNDLAGEN UND HEUTIGE LANDNUTZUNG45

3.1 Kolonisation im bolivianischen Tiefland 45

3.2 Geschichte der Mennoniten 45

3.3 Landnutzung der Mennoniten 47

3.3.1 Kolonisation 47

3.3.2 Landrodung 49

3.3.3 Anbau und Bewirtschaftung 51

4. THEORETISCHE GRUNDLAGEN ZUR BODENQUALITÄT UND ZUM BODENNUTZUNGSPOTENTIAL 57

5. METHODIK DER UNTERSUCHUNG 61

5.1 Auswahl der Untersuchungsflächen und Lage der Standorte 61

5.2 Datenerhebung und Bodenaufnahme im Gelände 62

5.3 Methodik der Laboranalytik 63

5.3.1 Methodik der bodenphysikalischen Parameter 63

5.3.2 Methodik der bodenchemischen Parameter 65

5.4 Statistische Auswertung 67

6. ERGEBNISSE UND IHRE BEWERTUNG 69

6.1 Die Bodenprofile unterschiedlichen Alters 71

6.1.1 Waldboden als Referenzfläche 72

6.1.2 Gerodete Fläche in der neugegründeten Kolonie 77

6.1.3 Boden nach fünfjähriger Nutzung 80

6.1.4 Boden nach fünfzehnjähriger Nutzung 83

6.1.5 Boden nach 25-jähriger Nutzung 86

6.1.6 Boden nach 29-jähriger Nutzung 89

6.2 Zusammenfassende Bewertung zur Bodenqualität und zum Bodennutzungspotential 92

6.3 Die Böden im zeitlichen Vergleich anhand ausgewählter Parameter 99

6.3.1 Organische Substanz und Gesamtstickstoff 99

6.3.2 Phosphor 102

6.3.3 Lagerungsdichte 105

6.3.4 Porosität 106

6.3.5 Totalgehalte 109

6.3.6 Kationenaustauschkapazität 110

6.3.7 Andere Parameter 112

7. DISKUSSION DER ERGEBNISSE 115

8. SCHLUSSFOLGERUNG UND AUSBLICK 121

9. ZUSAMMENFASSUNG 129

10. RESUMEN 131

11. SUMMARY 135

12. LITERATURVERZEICHNIS 137

13. KARTENVERZEICHNIS 156

14. EPILOG 159

15. ANHANG 160

Verzeichnis der Abbildungen

Abb. 1: Klimadiagramm Santa Cruz – Airport Trompillo 31
Abb. 2: Vegetationstypen im Canton Curichi 36
Abb. 3: Klima, Vegetation und Böden im N-S-Profil Ostboliviens 38
Abb. 4: Bodennutzung im Municipio Cabezas 41
Abb. 5: Faktoren und Prozesse der Bodendegradation 58
Abb. 6: Auswirkungen des hohen Bevölkerungsdruckes auf das Agrarpotential im bolivianischen Tiefland. 57
Abb. 7: Skizze zur Probennahme im Gelände 62
Abb. 8: Korn- und Porengrößenverteilung nach RENGER (1971) [Waldfläche] 75
Abb. 9: Korn- und Porengrößenverteilung nach RENGER (1971) [1 Jahr Nutzung] 78
Abb. 10: Korn- und Porengrößenverteilung nach RENGER (1971) [5 Jahre Nutzung] 83
Abb. 11: Korn- und Porengrößenverteilung nach RENGER (1971) [15 Jahre Nutzung] 86
Abb. 12: Korn- und Porengrößenverteilung nach RENGER (1971) [25 Jahre Nutzung] 89
Abb. 13: Korn- und Porengrößenverteilung nach RENGER (1971) [29 Jahre Nutzung] 89
Abb. 14: Korrelation zwischen organischer Substanz und Gesamtstickstoff 93
Abb. 15: Korrelation zwischen organischer Substanz und der $KAK_{eff.}$ 93
Abb. 16: Korrelation zwischen organischer Substanz und Phosphorverfügbarkeit 94
Abb. 17: Korrelation zwischen pH-Wert (KCl) und Phosphorverfügbarkeit 95
Abb. 18: Korrelation zwischen pH-Wert (KCl) und dem C/N-Verhältnis 96
Abb. 19: Korrelation zwischen pH-Wert (KCl) und der $KAK_{eff.}$ 96
Abb. 20: Korrelation zwischen Tongehalt und der $KAK_{eff.}$ 97

Abb. 21: Die organische Substanz in Abhängigkeit von der Dauer der landwirtschaftlichen Nutzung 99
Abb. 22: Gesamtstickstoff in Abhängigkeit von der Dauer der landwirtschaftlichen Nutzung 101
Abb. 23: Phosphor in Abhängigkeit von der Dauer der landwirtschaftlichen Nutzung 103
Abb. 24: Totalgehalte in Abhängigkeit von der Dauer der landwirtschaftlichen Nutzung (Oberboden) 110
Abb. 25: Effektive Kationenaustauschkapazität in Abhängigkeit von der Dauer der landwirtschaftlichen Nutzung 111
Abb. 26: Austauschbares Calcium und Magnesium in Abhängigkeit von der Dauer der landwirtschaftlichen Nutzung 111
Abb. 27: Pflanzenverfügbares Calcium (AL-löslich) in Abhängigkeit von der Dauer der landwirtschaftlichen Nutzung 113
Abb. 28: Leitfähigkeit in Abhängigkeit von der Dauer der landwirtschaftlichen Nutzung 113
Abb. 29: Pflanzenverfügbares Magnesium ($CaCl_2$-löslich) in Abhängigkeit von der Dauer der landwirtschaftlichen Nutzung 114
Abb. 30: Projektziel, Oberziel sowie Kurzbeschreibung des Vorhabens 160
Abb. 31: Niederschlagsverteilung Riva Palacios, Campo 15 174
Abb. 32: Niederschlagsverteilung Riva Palacios, Campo 15, Minimum und Maximum 175
Abb. 33: Niederschlagsverteilung Riva Palacios, Campo 15, jährliche Varianz 175

Verzeichnis der Tabellen

Tab. 1: Klimadaten Santa Cruz – Airport Trompillo 30

Tab. 2: Verteilung der landwirtschaftlichen Anbauflächen in Bolivien von Weizen, Soja und Sonnenblume, 1995 54

Tab. 3: Einteilung der Porengrößenbereiche nach dem Porendurchmesser und der Wasserspannung (cm Wassersäule bzw. pF-Wert) 64

Tab. 4: Richtwerte für die bodenphysikalischen Parameter 69

Tab. 5: Kennzeichnung der Böden nach ihrem Humus- und N_t-Gehalt 69

Tab. 6: Richtwerte für pflanzenverfügbare Nährstoffe und das Verhältnis der austauschbaren Kationen 69

Tab. 7: Richtwerte für die Beurteilung der $KAK_{eff.}$ 70

Tab. 8: Richtwerte für die Beurteilung der potentiellen Austauschkapazität und der Sättigungsgrade der einzelnen Kationen an der KAK 70

Tab. 9: Klassifizierung der Lagerungsdichten von Mineralböden 70

Tab. 10: Ausgewählte Richtwerte für die Region Santa Cruz 70

Tab. 11: Profilbeschreibung und wichtige bodenphysikalische und -chemische Parameter M5 Wald, ohne Nutzung 76

Tab. 12: Profilbeschreibung und wichtige bodenphysikalische und -chemische Parameter M4 1 Jahr landwirtschaftliche Nutzung 79

Tab. 13: Profilbeschreibung und wichtige bodenphysikalische und -chemische Parameter M2 5 Jahre landwirtschaftliche Nutzung 82

Tab. 14: Profilbeschreibung und wichtige bodenphysikalische und -chemische Parameter M3 15 Jahre landwirtschaftliche Nutzung 85

Tab. 15: Profilbeschreibung und wichtige bodenphysikalische und -chemische Parameter M1 25 Jahre landwirtschaftliche Nutzung 88

Tab. 16: Profilbeschreibung und wichtige bodenphysikalische und -chemische Parameter M6 29 Jahre landwirtschaftliche Nutzung 91

Tab. 17: Mittelwerte und Schwankungsbereiche der austauschbaren Nährstoffe ($cmol_c$/kg Boden) und Phosphor-Gehalte [ppm] [Mittelwert der neun Mischproben / Gehalt der „gemischten“ Mischproben] 92

Tab. 18: Lagerungsdichte in g/cm³ auf Flächen mit maschineller Landnutzung der Mennoniten ... 105
Tab. 19: Lagerungsdichten von Typic Haplustalfs unter Wald und nach unterschiedlich langer Bearbeitung in der Region „Las Brechas" (Bolivien) ... 106
Tab. 20: Luft- und nutzbare Feldkapazität der untersuchten Böden ... 107
Tab. 21: Vergleich von gemessenen und berechneten Daten des Porenverhaltens ... 108
Tab. 22: Gewichtsprozente der Tonfraktionen von A_h/A_p und B_t der sechs Leitprofile im zeitlichen Vergleich ... 112
Tab. 23: Vergleich ausgewählter Bodeneigenschaften ... 116
Tab. 24: Nährstoffvorräte im Mineralboden (0-30cm) verschiedener tropischer Tieflandregenwälder [kg/ha] ... 117
Tab. 25a: Auswirkung der Bearbeitungstechnik in Kombination mit N-Düngung 123
Tab. 25b: Vergleich der Bodenfauna unter verschiedenen Bearbeitungstechniken ... 123
Tab. 26a: Bodenchemische und -physikalische Profildaten im Überblick, Teil 1 ... 165
Tab. 26b: Bodenchemische und -physikalische Profildaten im Überblick, Teil 2 ... 166
Tab. 27: Bodenchemische Daten der Mischproben im Überblick - Oberboden (0-30cm) ... 167
Tab. 28: Bodenchemische Daten der Mischproben im Überblick - Unterboden (30-60cm) ... 168
Tab. 29: Quotienten und Sättigungswerte der Kationenaustauschkapazität an ausgewählten Mischproben ... 169
Tab. 30a: t-Test-Ergebnisse, Teil 1 ... 170
Tab. 30b: t-Test-Ergebnisse, Teil 2 ... 171
Tab. 31: Statistische Parameter der Mischproben ... 172

Tab. 32: Erklärte Varianzen ausgewählter Parameter der Mischproben 173
Tab. 33: Niederschlagsdaten in der Kolonie Riva Palacios, Campo 15 174

Verzeichnis der Karten

Karte 1: Lage des Untersuchungsgebietes 29
Karte 2: Geologische Einheiten Boliviens 34
Karte 3: Übersichtskarte der geologischen Einheiten des Río Grande Beckens 34
Karte 4: Geomorphologische Karte des Río Grande Beckens 35
Karte 5: Ökoregionen Boliviens 36
Karte 6: Hydrologische Karte von Bolivien 39
Karte 7: Landwirtschaftliche Siedlungskolonien der Mennoniten im Tiefland Boliviens 47

Verzeichnis der Fotos

Foto 1: *canales* in der Mennonitenkolonie Riva Palacios 40
Foto 2a: Landnutzung a: Manuelle Bearbeitung (hier: Rodung der Wurzelreste) von bolivianischen Kleinbauern 42
Foto 2b: Landnutzung b: Maschinelle Bearbeitung, sehr großflächig 42
Foto 2c: Landnutzung c: Bearbeitung der Agrarflächen unter Bewässerung 43
Foto 3a: Luftbild von Rodungsflächen mit Asche (El Dorado) 50
Foto 3b: Luftbild von Rodungsflächen mit Anreicherungen und Rückständen des Brandes im Boden (schwarze Färbung) 50
Foto 4: Sägerei von Abraham Guenther Loewen (El Dorado) 51
Foto 5: Bodenprofil der Referenzfläche Wald 72
Foto 6: Die Waldfläche ohne Bodenprofil 73
Foto 7: Bodenprofil der frisch gerodeten Fläche nach einem Jahr Sorghum-Anbau 77
Foto 8: Bodenprofil nach fünfjähriger Nutzung 81
Foto 9: Bodenprofil nach fünfzehnjähriger Nutzung 84
Foto 10: Bodenprofil nach 25-jähriger Nutzung 87

Foto 11: Bodenprofil nach 29-jähriger Nutzung 90
Foto 12: Satellitenbild der Mennonitenkolonien und ihrer Umgebung (24. Mai 1995, TM-Landsat 5, Bañados del Izozog, 184 km * 185 km) 161
Foto 13: Labranza Diagonal: Typisches Bewirtschaftungsmuster der Mennoniten 162
Foto 14: Bodendegradation durch Stahlbereifung 162
Foto 15: Schutz vor Winderosion: Windschutzstreifen 163
Foto 16a: Degradation durch Winderosion und Akkumulation 163
Foto 16b: Degradation durch Dünenbildung 164

Abkürzungen

Abkürzungen von Institutionen und Einrichtungen

AG	Arbeitsgemeinschaft
ANAPO	Asociación de Productores de Oleaginosas y Trigo
BMU	Bundesministerium für Umwelt, Naturschutz und Reaktorsicherheit
CEASE	Centro de Estudios para la acción socio-económica
CES	Consulting Engineers Salzgitter GmbH
CIAT	Centro de Investigación Agrícola Tropical
CONAPO	Consejo Nacional de Población
CORDECRUZ	Corporación Regional de Desarrollo del Departamento de Santa Cruz
DAAD	Deutscher Akademischer Austauschdienst
DIFF	Deutsches Institut für Fernstudienforschung/ Universität Tübingen
FAO	Food and Agriculture Organization of the United Nations
GmbH	Gesellschaft mit beschränkter Haftung
GTZ	Gesellschaft für Technische Zusammenarbeit GmbH
IP	Institut für Projektplanung GmbH
KWC	Cooperación Financiera del Gobierno de Alemania, Kreditanstalt für Wiederaufbau (KfW)
MBAT	Misión Británica en Agricultura Tropical

PLUS	Plan de Uso de Suelo del Departamento de Santa Cruz
UNESCO	United Nations Educational, Scientific and Cultural Organization
UPRA	Unidad de programas rurales y agropecuarios
USDA	United States - Department of Agriculture
VDLUFA	Verband Deutscher Landwirtschaftlicher Untersuchungs- und Forschungsanstalten
WTW	Wissenschaftlich-Technische Werkstätten GmbH

<u>Chemische Symbole, Verbindungen und Substanzen</u>

AL	Ammoniumlactat
Al	Aluminium
$BaCl_2$	Bariumchlorid
BS	Basensättigung
C	Kohlenstoff
Ca	Calcium
$CaCl_2$	Calciumchlorid
$CaCO_3$	Calciumcarbonat
$C_{org.}$	Organischer Kohlenstoff (Humus)
Cu	Kupfer
Fe	Eisen
H	Wasserstoff
H_2O_2	Wasserstoffperoxid
HCl	Salzsäure
$HClO_4$	Perchlorsäure
HF	Flusssäure
HNO_3	Salpetersäure
K	Kalium
$KAK_{eff.}$	effektive Kationenaustauschkapazität
$KAK_{pot.}$	potentielle Kationenaustauschkapazität
KCl	Kaliumchlorid
M	molar
Mg	Magnesium
$MgCl_2$	Magnesiumchlorid

Mn	Mangan
N	Stickstoff
N	Normal
Na	Natrium
$Na_4P_2O_7$	Natriumpyrophosphat
$NaHCO_3$	Natriumhydrogencarbonat
NH_4	Ammonium
N_t	Gesamtstickstoff
P	Phosphor
pH	negativer dekadischer Logarithmus der H_3O^+-Konzentrationen
Si	Silicium
TOC	total organic carbon
Zn	Zink

Physikalische Bodenparameter

AgSt	Aggregatstabilität
A_h	humoser A-Horizont
A_p	A-Horizont durch regelmäßige Bodenbearbeitung geprägt
B_t	mit Ton angereicherter B-Horizont
DWI	Durchwurzelungsintensität
E	Elluvialhorizont
eGP	enge Grobporen
Eindr.	Eindringwiderstand
Einz.	Einzelkorngefüge
FK	Feldkapazität
FP	Feinporen
fS	Feinsand
fU	Feinschluff
FW	Feinwurzel
GPV	Gesamtporenvolumen
gS	Grobsand
gU	Grobschluff
koh.	Kohärentgefüge

Kr	Krümelgefüge
Ld	Lagerungsdichte
LK	Luftkapazität
Ls4	stark sandiger Lehm
Lts	sandig-toniger Lehm
MP	Mittelporen
mS	Mittelsand
mU	Mittelschluff
nFK	nutzbare Feldkapazität
nFKWe	nutzbare Feldkapazität des effektiven Wurzelraumes
pF	Maß für die Saugspannung (z.B. des Bodenwassers)
PWP	Permanenter Welkepunkt
R	Red
Scherw.	Scherwiderstand
Sl4	stark lehmiger Sand
St2	schwach toniger Sand
St3	mittel toniger Sand
SV	Substanzvolumen
T	Ton
Tl	lehmiger Ton
Ts3	mittel sandiger Ton
Ts4	stark sandiger Ton
wGP	weite Grobporen
Y	Yellow

<u>Statistische und mathematische Parameter und Einheiten</u>

%	Prozent
’	Minuten
°	Grad
°C	Grad Celsius
cm	Zentimeter
cm^2	Quadratzentimeter
cm^3	Kubikzentimeter
$cmol_c/kg$	Einheit der KAK: Centimol Ladung pro Kilogramm

dm²	Quadratdezimeter
g	Gramm
Gew.-%	Gewichtsprozent
h	Stunde
ha	Hektar
kg	Kilogramm
km/h	Kilometer pro Stunde
km²	Quadratkilometer
l	Liter
m	Meter
mg	Milligramm
ml	Milliliter
mm	Millimeter
nm	Nanometer
ppm	parts per million
r^2	Korrelationskoeffizient (Bestimmtheitsmaß)
t	Tonne
Vol.-%	Volumenprozent
µm	Mikrometer
µS	Mikrosiemens

Sonstige Abkürzungen

&	und
AAS	Atomabsorptions-Spektrometer
amer.	amerikanisch
Aw.-Klima	Savannenklima (A=Tropisches Regenwaldklima, w=wintertrocken)
bzw.	beziehungsweise
DIN	Deutsche Industrienorm
et al.	et alii, und andere
GPS	Global Positioning System
http	Hypertext Transfer Protocol
Kap.	Kapitel
N	Niederschlag

N	Norden
o.a.	oben angegeben
o.J.	ohne Jahresangabe
S	Süden
S.	Seite
span.	spanisch
T	Lufttemperatur
TM-Landsat	Thematic Mapper - Landuse Satellite
u.	und
u.a.	und andere
üNN	über Normalnull
URL	Uniform Resource Locater
US-$	Amerikanische Dollar
vgl.	vergleiche
W	Westen
www	world wide web
z.B.	zum Beispiel
zit.	zitiert

Vorwort und Danksagung

Seit nunmehr über 20 Jahren bestehen enge Beziehungen zwischen der Georg-August-Universität Göttingen und der Universität Mayor de San Andres in La Paz/Bolivien. Die vorliegende Arbeit „Pedoökologische Folgen des mennonitischen Landnutzungssystems im Oriente Boliviens (Departamento Santa Cruz)“ ist im Rahmen dieses Kooperationsvertrages entstanden. Die Arbeiten vor Ort wurden vom Deutschen Akademischen Austauschdienst (DAAD) finanziell gefördert, wofür ich an dieser Stelle meinen Dank aussprechen möchte.

Thematisch eingebunden ist die Arbeit in das Vorhaben der Deutschen Gesellschaft für Technische Zusammenarbeit (GTZ) GmbH „Nachhaltige Bewirtschaftung der natürlichen Ressourcen im Departement Santa Cruz“, welches vom Institut für Projektplanung GmbH (Stuttgart) als Consulting-Unternehmen ausgeführt wird. Für die unabdingbare infrastrukturelle und logistische Hilfe und Unterstützung vor Ort möchte ich mich bei Ing. Agr. Carlos Roca und Dr. Rolf Wachholtz sowie allen Projektmitarbeitern in Santa Cruz ganz herzlich bedanken.

Die erste Bodenanalytik konnte zum einen im Laboratorio de Suelos, Agua y Bromatología des CIAT (Centro de Investigacíon Agrícola Tropical) in Santa Cruz und zum anderen im Laboratorio de Calidad Ambiental des Ökologischen Instituts der Universidad Mayor de San Andrés in La Paz vor Ort in Bolivien durchgeführt werden. Bei allen möchte ich mich ganz herzlich für das Entgegenkommen und die gegebenen Möglichkeiten bedanken, namentlich seien stellvertretend Ing. Carlos Herrera Morón (Santa Cruz) und Ing. Jaime Chincheros (La Paz) genannt.

Bei Herrn Prof. Dr. G. Gerold bedanke ich mich ganz herzlich für die Bereitstellung und Übertragung des Themas. Seine Betreuung der Arbeit vor, während und nach dem Auslandsaufenthalt war mir eine große Hilfe.

Mein besonderer Dank gilt den Mennoniten, sie eröffneten mir eine bis dahin fast unbekannte Welt mit eigenen religiösen, kulturellen und sprachlichen Attributen. Gesonderten Dank auch an Don David Gisbrecht, Campo 17, der als „Dolmetscher“ des *aleman bajo* zur Seite stand.

Für die zahlreichen fachlichen und persönlichen Ratschläge danke ich Dr. Norbert Lanfer, Dipl.-Geographin Elke Fischer (beide Geographisches Institut Göttingen) und Susanne Gebauer (Paderborn). Weitere Anregungen verdanke ich Dr. Jürgen Böhner (Geographisches Institut Göttingen), Prof. Dr. N. Claassen (Institut für Agrikulturchemie, Göttingen) und Rolf Derpsch (Asuncion/Paraguay).
Nicht zuletzt hätte die Durchführung dieser Arbeit ohne die Zusammenarbeit mit Dipl.-Geograph Robert Karsten (SFB 552, Sulawesi/Indonesien) bei weitem nicht so viel Spaß gemacht, sowohl während der Vor- und Nachbereitung der Untersuchungen in Göttingen, als auch während des Aufenthaltes in Bolivien.
Allen zusammen sage ich nochmals herzlichen Dank!

Göttingen, im Februar 2002 Michael Markussen

1. Einleitung

> *„Die Probleme aufgrund von Bodenerosion, Versalzung, Wüstenausbreitung und Lateritisierung nehmen zu und diese Verschlechterungen sind auf die folgenden Ursachen zurückzuführen: Fehler im Landbau, Überweidung, Siedlungsausbreitung und Zerstörung der Bodenbedeckung durch landwirtschaftliche Rodung oder die Verwendung von Maschinen, die nicht nur den Urwald, sondern auch das physikalische Gleichgewicht des Bodens zerstören."*
>
> COUNCIL ON ENVIRONMENTAL QUALITY & US-AUSSENMINISTERIUM 1980, S. 1379

Dieses Zitat stammt aus einer Stellungnahme der US-Botschaft in Bolivien über das Forstwesen und die landwirtschaftlichen Entwicklungen Boliviens im Rahmen der Vorbereitung für Global 2000 aus dem Jahre 1980. Dieser Bericht sollte die „voraussichtlichen Veränderungen der Bevölkerung, der natürlichen Ressourcen und der Umwelt auf der Erde bis zum Ende dieses Jahrhunderts" herausarbeiten, um so eine Grundlage für eine längerfristige Planung zu erhalten (COUNCIL ON ENVIRONMENTAL QUALITY & US-AUSSENMINISTERIUM 1980).
Nun ist das Ende des zweiten Jahrtausends erreicht, das dritte Jahrtausend hat begonnen und die Zunahme der Probleme ist, wie prognostiziert wurde, eingetreten, sowohl in Bolivien als auch aus globaler Sicht. Die Problematik ist früh erkannt worden, jedoch hat sich bis heute weder an den Ursachen noch an den Auswirkungen etwas geändert.
Im Folgenden wird die Problemstellung genau formuliert und die Zielsetzung der vorliegenden Arbeit charakterisiert, dessen Hauptgegenstand die Bodendegradation, die Bodenqualität und das Bodennutzungspotential landwirtschaftlich intensiv genutzter Flächen unterschiedlichen Alters in den Mennonitenkolonien Riva Palacios und El Dorado (Gnadenhoff) im Departamento Santa Cruz ist.

1.1 Problemstellung und Zielsetzung

Das bolivianische Tiefland ist bis heute einem großen Wandel ausgesetzt. Mit der einsetzenden Landreform im Jahre 1954 begannen deutliche Veränderungen im tropischen Tiefland Boliviens. Die Region um Santa Cruz de la Sierra war eines der ersten Kolonisationszentren, in denen bis in die 90er Jahre viele neue Kolonien gegründet worden sind. Das Departamento Santa Cruz genoss eine starke regionalpolitische Förderung. Folgen waren starke Veränderungen der Landnutzung und der Vegetation. Tropische Regenwaldflächen wurden dabei zurückgedrängt und durch agrarwirtschaftliche Landnutzungssysteme ersetzt. Verstärkt wird dies bis heute durch eine rasche Bevölkerungszunahme und eine Zunahme der technologischen Entwicklung in den letzten Jahrzehnten.

Zugewanderte, spontane Siedler betreiben nach wie vor eine traditionelle Bewirtschaftung ihrer landwirtschaftlichen Flächen. Die gelenkte Kolonisation hingegen ist sehr viel stärker technisiert und arbeitet mit großem mechanischen und maschinellen Einsatz. Die bewirtschafteten Flächen sind sehr groß und weisen nur wenige Windschutzstreifen auf. Folgen und Probleme sind Verspülung, Verdichtung, Winderosion und die damit einhergehende Bodendegradation.

Seit mittlerweile 30 Jahren betreiben die Mennoniten in der Kolonie Riva Palacios südlich von Santa Cruz intensive Landwirtschaft, in ihrer Tochterkolonie El Dorado wird seit 1995 gerodet und erste Flächen werden landwirtschaftlich genutzt. Mit Hilfe einer *„falschen Zeitreihe“* (vgl. Kap. 6.1) soll aufgezeigt werden, inwieweit sich pedoökologische Folgen im Laufe der Zeit mit der Umwandlung vom Waldökosystem in landwirtschaftliche Nutzflächen bei den untersuchten Böden aufzeigen lassen.

Die vorliegende Untersuchung ist eingebunden in das GTZ-Vorhaben „Nachhaltige Bewirtschaftung der natürlichen Ressourcen im Departement Santa Cruz“. Die Arbeit stellt einen Beitrag zur Charakterisierung des Kernproblems des Projektgebietes dar: „Die degradierende Nutzung der erneuerbaren natürlichen Ressourcen (insbesondere Wasser und Boden) führt zur Armut und Abwanderung der ländlichen Bevölkerung, unter anderem auch in Kokaanbaugebiete“ (GTZ 1998).

Aus der genannten Problemstellung leiten sich folgende Zielsetzungen und zentrale Fragestellungen dieser Arbeit ab:

- Eine agrarökologische Bewertung und Analyse der Qualität und des Nutzungspotentials der Böden im Untersuchungsgebiet mittels eigener Analytik und Auswertung der bestehenden Literatur.
- Beschreibung der Landnutzung der Mennoniten, im Besonderen ihre Kolonisation, die Landrodung sowie der Anbau und ihre Bewirtschaftung.
- Ist eine Degradation des Bodens durch die intensive landwirtschaftliche Nutzung eingetreten?
- Wenn ja, für welche bodenphysikalischen und -chemischen Parameter lässt sich eine statistische Signifikanz nachweisen?
- Welche Konsequenzen lassen sich daraus zur Vermeidung zukünftiger Bodendegradation folgern?
- Kann man im Rahmen der Raumordnungs- und Regionalplanung Handlungsanweisungen für die Region geben?
- Liegt weiterer Forschungsbedarf vor? Mit dieser Arbeit sollen Grundlagen für kommende Projekte geschaffen werden (in Vorbereitung: „Waldkonversion, Bodendegradation und Biodiversität im Oriente Boliviens").

1.2 Forschungsstand

BECK (1983) beschreibt bereits für die präkoloniale Zeit eine großflächige Waldvernichtung in Bolivien, die in der Kolonialzeit noch verstärkt wurde und bis heute Auswirkungen nach sich zieht. Die wirklich großen, irreversiblen Schäden hingegen finden ihren Beginn erst im 20. Jahrhundert. Die zunehmende Intensivierung der Landwirtschaft in den Tropen und Subtropen führte dazu, dass die Veränderungen und die damit einhergehenden Probleme in zahlreichen wissenschaftlichen Disziplinen wesentlicher Bestandteil der Forschung wurden. Ein Großteil der Untersuchungen im neuen Kolonisationsgebiet um Santa Cruz befassen sich in den 70er und beginnenden 80er Jahren mit den Auswirkungen der wirtschaftlichen Erschließung (MONHEIM 1968 u. 1977, MONHEIM &

KÖSTER 1982), vor allem auch zur Vorbereitung von großen Kolonisationsprojekten wie z.B. dem Projekt Abapo-Izozog (AGRAR- UND HYDROTECHNIK 1973, 1975, 1977). Deren bodenkundliche Untersuchungen waren vor allem auf das Nutzungspotential ausgerichtet, um geeignete Siedlungsgebiete zu benennen.

Ebenfalls in den siebziger Jahren begannen die ersten Untersuchungen im Departamento Santa Cruz zur Bodendegradation. DERPSCH (1975) verfasste eine umfangreiche Studie über die äolische Erosion. MOLL untersuchte 1981 die ökologischen Probleme im Agrarentwicklungsraum Santa Cruz und stufte die Region als *„ecological high-risk-area"* ein. GEROLD lieferte zahlreiche bodenkundliche Untersuchungen in Südbolivien bezüglich Bodennutzungsproblemen, Bodenerosion und -degradation (GEROLD 1981a, 1983, 1986a,b, 1991a,b,c).

Das Centro de Investigación Agrícola Tropical (CIAT) führte Forschungsarbeiten in der zona central/ zona integrada durch, die sich schwerpunktmäßig mit der Bodenverdichtung durch maschinelle Bearbeitung, mit unterschiedlichen Rodungstechniken, mit Düngung und verschiedenen Bearbeitungstechniken befassen (BARBER 1989a, 1995, o.J., BARBER & ROMERO 1994, BARBER & NAVARRO 1994d&e, BARBOSA *et al.* 1989, ORELLANA *et al.* 1990).

Einige Arbeiten bezüglich der Bodenfruchtbarkeit im Departamento Santa Cruz wurden im Rahmen von Diplomarbeiten und Dissertationen der Universidad Autonoma Gabriel Rene Moreno, Facultad de Ciencias Agricolas, durchgeführt (CORDERO 1964, RAMIREZ 1984, BARBOSA 1987, HERRERA MORÓN 1988, FLORES 1990, ORELLANA 1990).

Umfassende Untersuchungen wurden auch im Rahmen von PLUS (Plan de Uso del Suelo del Departamento de Santa Cruz) durchgeführt, die allerdings sehr kleinmaßstäbig angelegt sind (Cooperación Financiera del Gobierno Alemán – Prefectura del Departamento de Santa Cruz Concorcio IP/CES/KWC 1996, CORDECRUZ-Consorcio IP/CES/KWC 1994, 1995, Gobierno Deptal. Santa Cruz 1996).

Veröffentlichungen von ROSS *et al.* 1999, VERCHOT *et al.* 1999 und RIEZEBOS & LOERTS 1998 weisen auf die Aktualität der weltweiten Veränderungen von Landnutzungen und deren Konsequenzen hin. Viele der neueren

Untersuchungen nehmen sich dabei einzelnen Parametern und deren Veränderungen an, z.B. hinsichtlich der Kationenaustauschkapazität (SAIKH et al. 1998), der organischen Substanz (KOUTIKA et al. 1999, VAN DAM, VELDKAMP & VAN BREEMEN 1997 und FEIGL et al. 1995) oder auch den mikrobiellen Parametern als Indikatoren von Bodenfruchtbarkeit unter Brache-Management (WICK, KÜHNE & VLEK 1998).
BEEK & BRAMAO beschreiben 1968 (S. 84) das bolivianische Tiefland hinsichtlich ihrer Böden als „one of the least known regions in South America". Das trifft heute nach den zahlreichen oben genannten Untersuchungen zumindest für den Raum Santa Cruz de la Sierra nicht mehr zu. Aber abgesehen von einigen Versuchsreihen des CIAT (BARBER & NAVARRO 1994a,b,c) in der Kolonie Swift Current ist die vorliegende Arbeit die erste bodenkundliche Untersuchung solchen Umfangs der landwirtschaftlich intensiv genutzten Agrarflächen der Mennoniten in Bolivien.

2. Geoökologische Rahmenbedingungen im Untersuchungsgebiet

Im Folgenden werden die geoökologischen Rahmenbedingungen des Untersuchungsgebietes in Form einer landschaftsökologischen Charakterisierung dargestellt, dazu gehören geographische Lage, Makro- und Mesoklima, Geologie, Geomorphologie, Vegetation, hydrologische Verhältnisse und Landnutzung in der untersuchten Region.

2.1 Geographische Lage und naturräumliche Einordnung

Das Untersuchungsgebiet der vorliegenden Arbeit liegt in Bolivien (siehe Karte 1). Die Präsidiale Republik Bolivien ist neben Paraguay der einzige Binnenstaat des südamerikanischen Kontinents. Das Staatsgebiet nimmt eine Fläche von 1.098.581 km² ein, ist somit fünftgrößter Staat in Südamerika und grenzt dabei an die Nachbarländer Brasilien, Paraguay, Argentinien, Chile und Peru (STATISTISCHES BUNDESAMT 1991). Bolivien liegt zwischen 9° 39' und 22° 53' südlicher Breite und 57° 25' und 69° 38' westlicher Länge. Bei einer Bevölkerung von 7.414.000 Einwohnern (1995), ergibt sich eine Einwohnerdichte von 6,7 Einwohner/km² (MONTES DE OCA 1997).

Der „Andenstaat" Bolivien teilt sich in zwei große naturräumliche Einheiten: das Hochland, zu dem die Ost- und Westkordillere, sowie das dazwischenliegende Altiplano und der subandine Raum gehören, nimmt mit 414.574 km² etwa vierzig Prozent der Landesfläche ein. Sechzig Prozent entfallen auf das im Norden und Osten liegende Tiefland („*tierras bajas*"), welches als „Oriente" bezeichnet wird. Diese beiden großen Regionen lassen sich aufgrund ihrer geologischen und geomorphologischen Besonderheiten sowie ihren Unterschieden in Klima, Vegetation, Böden, faunistischer Vielfalt u.a. in zahllose kleinere regionale Einheiten unterteilen, so unterscheidet ELLENBERG (1981) zwölf Ökoregionen (siehe Kap. 2.4).

Das Untersuchungsgebiet liegt 70 km südlich der Stadt Santa Cruz de la Sierra im Departamento Santa Cruz. Die geographischen Koordinaten des Mittelpunktes der Mennonitenkolonie Riva Palacios sind 18°08,09' S und 63°02,50' W (Brecha 7/ Zentrale Campo 10,11). Die Koordinaten der Beprobungsstandorte (GPS-Messung) sind den jeweiligen Profilbeschreibungen zu entnehmen (vgl. Kap. 6.1).

Die Größe von Riva Palacios beträgt 31.224,14 ha, El Dorado ist 11.834,5552 ha groß.

Politisch gesehen gehören die Mennonitenkolonien Riva Palacios und El Dorado (von den Mennoniten auch Gnadenhoff genannt) zum Departamento Santa Cruz, Provincia Cordillera, Municipio Cabezas, Cantón Curichi, Distrito Riva Palacios, Localidad Colonia Mennonita (CEASE 1997).

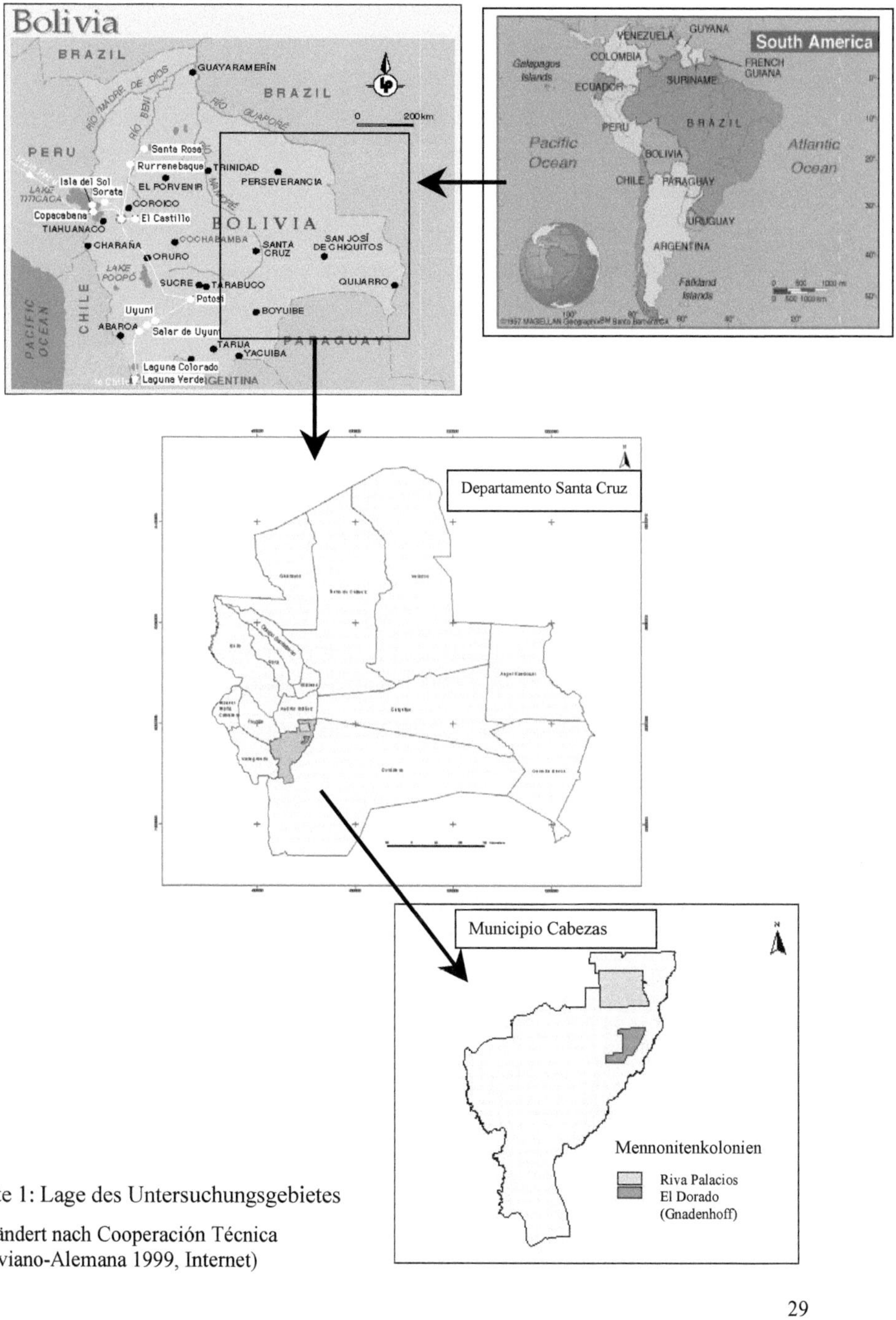

Karte 1: Lage des Untersuchungsgebietes

(verändert nach Cooperación Técnica Boliviano-Alemana 1999, Internet)

2.2 Makro- und Mesoklima

Nach der Klimaklassifikation von KÖPPEN ist das Untersuchungsgebiet den sommerhumiden Tropen zuzuordnen (Aw-Klima). Dabei liegt das Temperaturmittel des kältesten Monats über 18°C, die Niederschlagssumme des regenärmsten Monats unter 60 mm und es tritt eine einfache Trockenzeit im Winterhalbjahr auf. Nach TROLL & PAFFEN liegt ein tropisch sommerhumides Feuchtklima vor (aufgrund der Trockenzeit von 2 ½ bis 5 Monaten liegt ein Feuchtsavannenklima V 2 vor. Santa Cruz wäre mit den unten aufgezeigten Niederschlägen als V 1 ohne ausgeprägte Trockenzeit zu klassifizieren) (TROLL 1964).

Die dem Untersuchungsgebiet nächstgelegenen offiziellen Klimastationen liegen in Santa Cruz. Die durchschnittliche Jahrestemperatur beträgt 23,8 °C mit einem durchschnittlichen Minimum im Juni (20,1 °C) und einem Maximum im Januar mit 26,0 °C [UPRA (o.J.)]. Überwiegend in den Monaten Mai und Juni kommt es gelegentlich zu temporären Temperaturstürzen, die durch starke Südwinde („*surazos*") bedingt sind.

Surazos sind periodische Einbrüche polarer Kaltluft an der Rückseite von Zyklonen. Nach HANAGARTH (1993, S. 62) stammen die Hochdruckzellen aus dem Gebiet des südöstlichen Pazifiks, überqueren die chilenischen Anden und werden anschließend in Richtung Amazonasbecken nach Norden umgeleitet (vgl. auch MONTES DE OCA 1997).

	Jan.	Feb.	März	April	Mai	Juni	Juli	Aug.	Sept.	Okt.	Nov.	Dez.	Jahr
Mittl. T. (°C)	26,4	26,3	25,8	24,2	22	20,3	20,2	22,6	24,5	26	26,8	26,7	24,3
Mittl. N (mm)	189,7	139,9	126	108,2	91,8	76,9	59,4	43	69,9	100,3	129,7	177,2	1312,1
Max. T (°C)	30,4	30,5	30,1	28,5	26	23,9	24,6	27,4	29,2	30,5	30,8	30,8	28,6
Min. T. (°C)	21,4	21,4	20,8	19	17,4	16,5	15,3	16,5	18,4	19,8	20,7	21,3	19
Rel. Feuchte (%)	75	75	75	74	76	76	69	61	60	64	67	71	70

Tab. 1: Klimadaten Santa Cruz – Airport Trompillo Datenquelle: UPRA (o. J.)

Santa Cruz (435m) 24,3°C 1312,1mm
Airport Trompillo 17°47'S 63°10'W

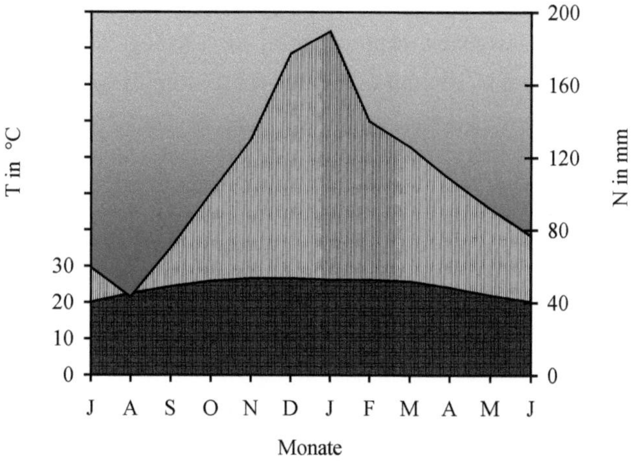

Abb. 1: Klimadiagramm Santa Cruz - Airport Trompillo

Datenquelle: UPRA (o. J.)

DERPSCH (1975) klassifiziert die Winde bezüglich ihrer Erosionskraft: Bei 76,0 % der Winde treten keine Erosionserscheinungen auf (8,2 % Calmen, 67,8 % Windgeschwindigkeiten unter 18 km/h), 10,9 % sorgen für harmlose Erosionsschäden mit 18 bis 21 km/h. Bei Windgeschwindigkeiten zwischen 22 und 38 km/h kommt es zu deutlicher Deflation (11,9 %) und 1,2 % der Winde sorgen mit über 38 km/h für hochgradige Erosionsschäden.
Dabei kommen 81,6 % der Winde >18 km/h aus Nordwest. Auch die klimatologischen Daten vom UPRA (o. J.) kennzeichnen den Nordwesten als Hauptwindrichtung.
Die Jahresniederschläge variieren räumlich und zeitlich sehr stark, allein die drei offiziellen Klimastationen in Santa Cruz weisen hohe Variabilitäten im langjährigen Mittel auf: 1312,1 mm, 1590,2 mm und 1559,8 mm. Auch im Projektgebiet sind sehr große Schwankungen vorhanden, die somit in Trockenjahren zu einem deutlichen Mangelfaktor für die dortige Landwirtschaft führen können (siehe dazu klimatische Aufzeichnungen der Mennoniten im Anhang). Das Jahresminimum (1970-1998) des Niederschlages im Campo 15

der Kolonie Riva Palacios war 1976 mit 484 mm und das Maximum mit 1830 mm im Jahre 1983. Limitierend auf die landwirtschaftlichen Erträge wirkt letztendlich die durch die Trockenheit bedingte negative Wasserbilanz.
Eine ausgeprägte Trockenzeit liegt von Mai bis Oktober vor. Ein deutlicher Niederschlagshöhepunkt ist zum Jahreswechsel im Dezember/Januar zu verzeichnen. Die relative Luftfeuchtigkeit liegt bei 70 bis 77 %.
Die klimatischen Risikofaktoren lassen sich wie folgt zusammenfassen (CEASE 1997):

- Frost tritt gelegentlich zwischen Mai und Juli auf, stellt aber wegen der Kürze und geringen Intensität nur ein äußerst niedriges Risiko für die Landwirtschaft dar.
- Dürre, infolge von Niederschlagsausfällen, stellt ein großes Problem sowohl für die Agrar- als auch für die Weidewirtschaft dar.
- Erosion, die in erster Linie durch starke Winde und große, vegetationsfreie Flächen bedingt ist, stellt ebenfalls eine große Gefährdung dar.

Nach Aussagen der Mennoniten ist im südlichen Bereich der Kolonie Riva Palacios eine Wetterscheide ausgeprägt (Ost-West-Linie). Derjenige Niederschlag, der in El Dorado fällt, wird von Süden her mit den „*surazos*“ herangetragen. Der Regen in Riva Palacios fällt grundsätzlich in Verbindung mit Nordwinden und setzt im Jahresverlauf deutlich früher ein als in El Dorado.

2.3 Geologie und Geomorphologie

Der Untersuchungsraum liegt im Zentrum des südamerikanischen Kontinents in der Sedimentationsebene zwischen dem Andenbereich im Westen mit der angrenzenden subandinen Fußzone und den präkambrischen Schildgebieten im Osten (Brasilianisches Schild). In Bolivien unterteilt sich die Tiefebene in das Chaco- und das Benitiefland (Karte 2). Das Chacotiefland von Santa Cruz stellt eine quartäre alluviale Beckenfüllung dar bestehend aus fluviatilen Sedimenten, die vom Rio Grande herantransportiert worden sind (WERDING 1977). Nach GEROLD 1986b ist die Sedimentationsebene des Chacotieflandes aus Sedimenten aufgebaut, die in den obersten 10 bis 20 m feinsandig bis tonig sind, darunter schließen sich Sande und zum Teil sehr grobe Kiese an (WERDING 1977, S.

437). Rezente fluviatile und äolische Sedimentation formten die Reliefoberfläche im Laufe des Holozäns, wobei bis heute eine hohe Sedimentbelastung der Flüsse vorliegt.

Das Río-Grande-Becken ist begrenzt durch verschiedene Verwerfungen und Störungen (Karte 3), wobei die südliche Alto-de-Boyuibé-Störung die Wasserscheide zwischen Amazonas und La Plata darstellt (vgl. Kap. 2.5).

Geomorphologisch gehört der Untersuchungsraum zu der „*Llanura aluvial del Río Grande*", der Alluvialen Ebene des Río Grande (Karte 4).

Eine weiterführende detaillierte Einordnung der Geologie und Geomorphologie liefern AHLFELD 1972, WERDING 1977, AGRAR- UND HYDROTECHNIK 1977, JORDAN 1981 u. 1983, ZEIL 1979 u. 1986 und MONTES DE OCA 1997.

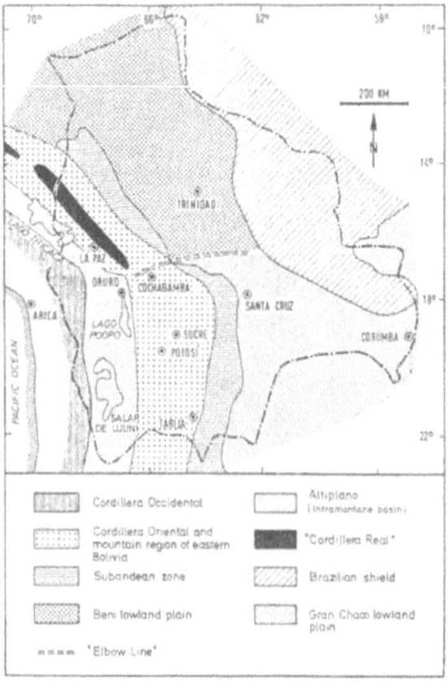

Karte 2: Geologische Einheiten Boliviens (ZEIL 1979, S. 142)

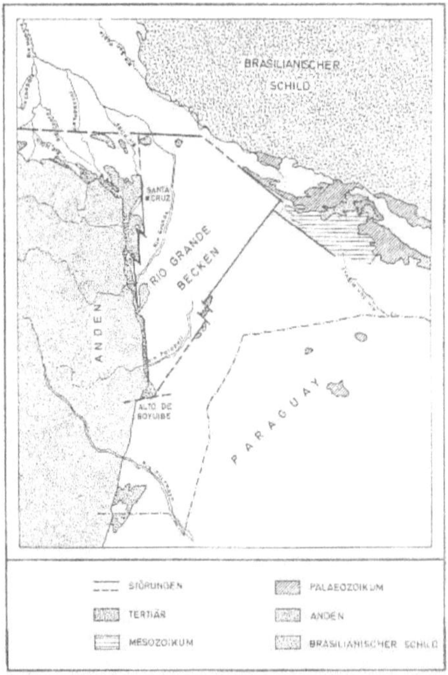

Karte 3: Übersichtskarte der geologischen Einheiten des Río Grande Beckens (WERDING 1977, S. 442)

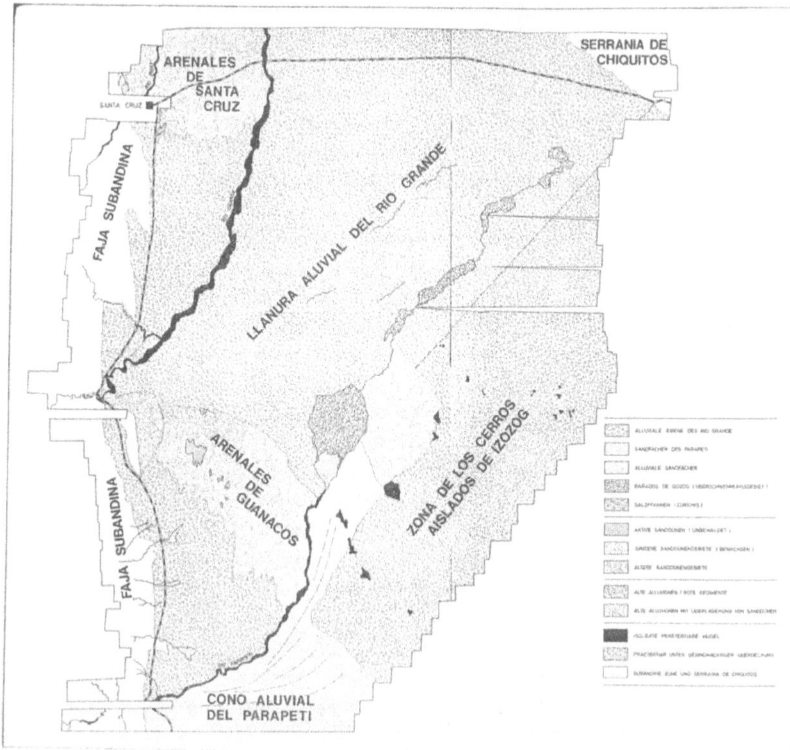

Karte 4: Geomorphologische Karte des Rio Grande Beckens (WERDING 1977, S. 443)

2.4 Vegetation

Nach ELLENBERG (1981) gehört das Untersuchungsgebiet der Ökoregion des laubwerfenden Tieflandsregenwaldes (Chacowald) an sowie dem Grenzbereich zum halbimmergrünen Tieflands- und Bergwald, der sich im Norden und Westen anschließt.

Karte 5: Ökoregionen Boliviens (nach ELLENBERG 1981)

1 = humider Bergwald (Yungas), 2 = subhumider Tieflandsregenwald, mit einigen trockeneren Monaten, 3 = Überschwemmungssavannen, mit teilweise immergrünen Waldinseln, 4 = halbimmergrüner Tieflands- und Bergwald, 5 = laubwerfender Tieflandswald (Chacowald), semiarid, 6 = Dünenflächen, 7 = semiaride Intermontanwälder (Valles), 8 = semihumide Puna, mit Bäumen, 9 = semiaride und aride Puna, 10 = Salzseen (salares), 11 = semihumide hochandine Stufe, ohne Feldwirtschaft, 12 = semiaride und aride hochandine Stufe, ohne Feldwirtschaft.

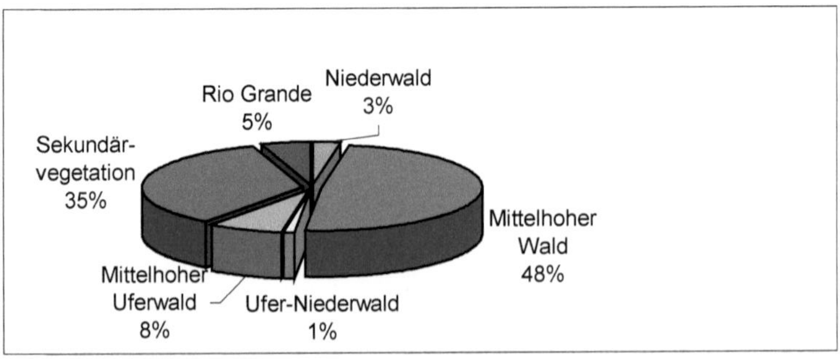

Abb. 2: Vegetationstypen im Canton Curichi Datenquelle: CEASE (1997), S. 85

Die Abbildung 4 zeigt, dass 73 % der Flächen im Municipio Cabezas mit Wald bedeckt sind. Für den Canton Curichi liegt eine detaillierte Aufteilung der einzelnen Vegetationstypen vor (Abbildung 2), demnach sind 48 % der Flächen mittelhohe Wälder mit einer Vegetation von zwei bis fünf Metern Höhe (CEASE 1997). 35 % der Flächen weisen mittlerweile eine Sekundärvegetation auf, welche für die landwirtschaftlich intensiv genutzten Flächen stehen. 9 % werden als Uferwaldbestände vom Río Grande beeinflusst, der wiederum 5 % des Cantons ausmacht.

Die kleinmaßstäbige Vegetationskarte vom Proyecto Plan de Proteccion de Recursos Naturales de Santa Cruz (Consorcio IP/CES/KWC) (1995) weist die gesamte Region als Sekundärvegetation aus, was somit als sehr stark generalisiert bezeichnet werden muss.

MONTES DE OCA (1997) bezeichnet die Vegetation dieser Region als „*Bosque semideciduo chiquitano*", von dessen Vegetation 75 % während der Trockenzeit Laubabwurf zeigt.

Abbildung 3 liefert ein Nord-Süd-Profil Ostboliviens bezüglich des Klimas, der Vegetation und der Böden. Dabei ist das Untersuchungsgebiet dieser Arbeit im mittleren Bereich der Abbildung 3 auf der Höhe des halbimmergrünen Übergangswaldes / regengrünen Trockenwaldes anzusiedeln. Dabei treffen alle aus der Grafik abzuleitenden Eigenschaften zu, mit Ausnahme der Anzahl der ariden Monate. Nach den Klimadaten (Kapitel 2.3) kommt es ausschließlich im April zu ariden Verhältnissen, während in der Abbildung 3 3-5 aride Monate ausgewiesen werden. Gründe dafür können in der benutzten Zeitreihe, in der angewandten Berechnungsmethode zur Verdunstungsbestimmung oder auch in der regional bedingten Niederschlagsvariabilität liegen.

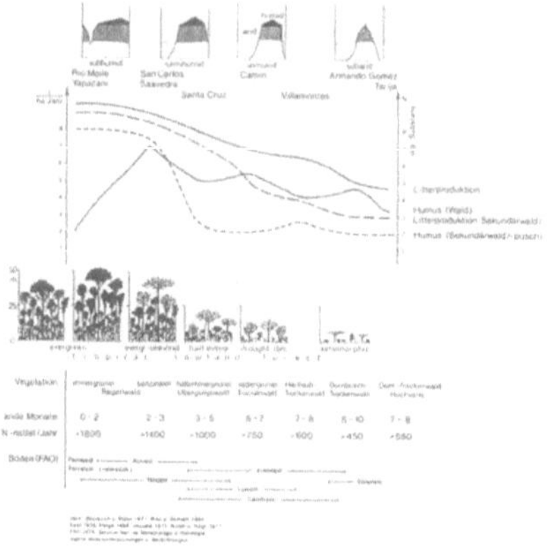

Abb. 3: Klima, Vegetation und Böden im N-S-Profil Ostboliviens

(GEROLD 1991a, S. 94)

2.5 Hydrologische Verhältnisse

Bolivien lässt sich in drei Haupteinzugsgebiete untergliedern: Das Interne Becken des Altiplano ist mit 13,2 % Flächenanteil das kleinste Einzugsgebiet und weist keinen Abfluss auf, das „*Cuenca del Plata*“ liegt im Süden und Osten Boliviens und das Einzugsgebiet des Amazonas ist mit 66 % des Staatsgebietes sowohl das größte bezüglich der Oberfläche als auch der Wassermenge. Diesem Einzugsgebiet gehört auch der Río Grande an, der durch das Untersuchungsgebiet fließt und schließlich über den Río Mamoré in den Amazonas mündet.

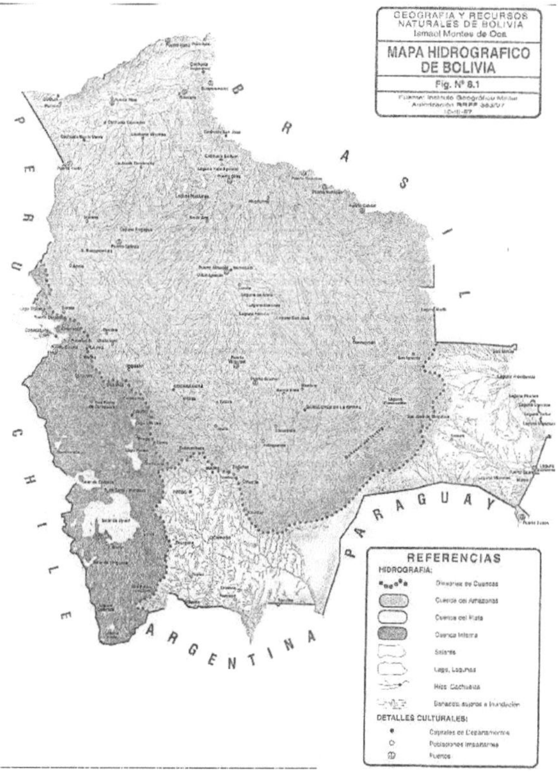

Karte 6: Hydrologische Karte von Bolivien (MONTES DE OCA 1997, S. 214)

Die Befragungen im Untersuchungsgebiet gaben Aufschluss über die hydrologischen Verhältnisse im Untergrund, da Bohrungen für die Trinkwasserversorgung von den Mennoniten sowie auch von bolivianischen

Kleinbauern durchgeführt werden. Trinkwasser wird aus Tiefen von bis zu 100 m entnommen. So fördert beispielsweise der Brunnen von Tierra Santa das Trinkwasser aus 78 m Tiefe, der Grundwasserspiegel liegt dort bei 45 m. In den Mennonitenkolonien wurde vereinzelt bis 102 m Tiefe gebohrt, stellenweise wird aber auch schon aus 35 m Tiefe Trinkwasser gefördert.

In den ersten Jahren der Kolonisation gab es keine Probleme hinsichtlich des Abfließens des Wassers nach Starkregenereignissen in den Kolonien. Nach mündlichen Aussagen in der Kolonie hat die verstärkte Bodenverdichtung, verursacht durch die intensive, moderne Landnutzungstechnik, zur Bildung von Stauwasser geführt. Dieser Verdichtungshorizont wurde durch Anlegen von „*canales*" (Abflusskanäle) vor ca. 15 Jahren (Foto 1) durchbrochen, so dass das Wasser in den Vorfluter gelangen kann.

Foto 1: *canales* in der Mennonitenkolonie Riva Palacios (Foto: Dr. R. Wachholtz)

2.6 Landnutzung im Untersuchungsgebiet

In Bolivien werden nur 3,1 % der Gesamtfläche als Ackerland oder für Dauerkulturen genutzt. Seit Beginn der Agrarreform 1953 hat sich ein neuer Schwerpunkt der landwirtschaftlichen Produktion im Oriente gebildet. Allein im Departamento Santa Cruz wurden von 1971 bis 1978 knapp 2 Millionen Hektar als Eigentumstitel vergeben, das entsprach einer durchschnittlichen Fläche je Eigentumstitel von 59,9 ha. 1988 waren 47,4 % der Erwerbspersonen im primären Sektor tätig, gleichzeitig fiel der Anteil der Landwirtschaft am Bruttoinlandsprodukt von knapp 30 % (1960) auf 23,7 % im Jahre 1988. Daraus kann auf die geringe Produktivität dieses Sektors geschlossen werden (STATISTISCHES BUNDESAMT 1991).

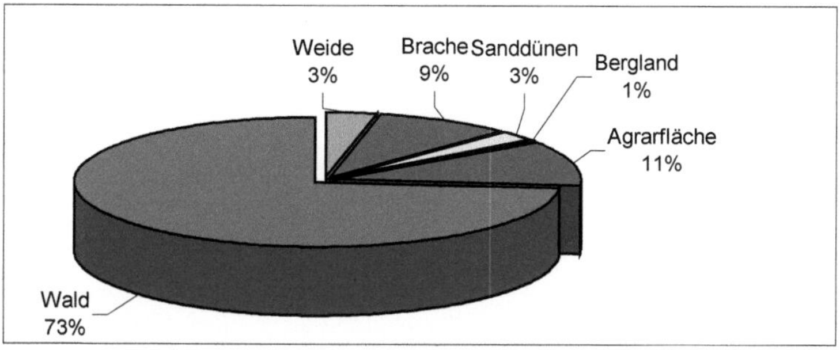

Abbildung 4: Bodennutzung im Municipio Cabezas

Datenquelle: CEASE (1997, S. 47)

Im Municipio Cabezas werden 11 % der Flächen als Agrarland genutzt, 9 % sind Bracheflächen, jeweils 3 % werden als Weide bzw. Sanddünen klassifiziert, der Rest der Fläche (73 %) ist mit Wald bestanden (Abbildung 4).

Es lassen sich drei Landnutzungssysteme unterscheiden: die traditionelle (manuelle Bearbeitung von bolivianischen Kleinbauern), die Landnutzung mit großem maschinellen Einsatz (wird überwiegend von Mennoniten und anderen wenigen, vor allem ausländischen Landwirten ausgeführt, vgl. LESLIE 1983) und in kleinem Ausmaße Bewässerungsfeldbau.

Foto 2a: Landnutzung a: Manuelle Bearbeitung (hier: Rodung der Wurzelreste) von bolivianischen Kleinbauern

Foto 2b: Landnutzung b: Maschinelle Bearbeitung, sehr großflächig

Foto 2c: Landnutzung c: Bearbeitung der Agrarflächen unter Bewässerung

(Foto: Dr. Wachholtz)

Hauptanbaufrüchte des Untersuchungsraumes sind für das traditionelle Landnutzungssystem vor allem Mais (*Zea mays*) und Baumwolle (*Gossypium hirsutum* L.), bei der maschinellen Landnutzung Sorghum (*Sorghum caffrorum*) und Soja (*Glycine max* L.), etwas weiter im Norden vor allem Weizen (*Triticum aestivum* L.). Auf den Flächen, die ausschließlich mit Bewässerung bewirtschaftet werden, ist Reis (*Oryza sativa* L.) die Hauptanbaufrucht.

Bei allen landwirtschaftlichen Produkten sind durch die Variabilität der Niederschläge große Ertragsschwankungen vorprogrammiert.

3. Historische Grundlagen und heutige Landnutzung

3.1 Kolonisation im bolivianischen Tiefland

Die erste großflächige Waldvernichtung im bolivianischen Tiefland setzt BECK (1983) bereits für die präkoloniale Zeit an, wobei die großmaßstäbige Kolonisation im 20. Jahrhundert einsetzte und seit den Agrarreformen ab 1954 ein immer größeres Ausmaß annimmt. Dabei lassen sich folgende Kolonisationsformen unterscheiden:

Als *spontane Kolonisation* wird die ungelenkte und kaum geförderte Ansiedlung bezeichnet. Der Staat stellt zwar im Allgemeinen das Land zur Verfügung, alles Weitere wird dann von den Kolonisten selbst in Form von Syndikaten organisiert. Die ersten Ansiedlungen in dieser Form gehen auf die 40er Jahre zurück (MONHEIM 1977). Der Vorteil dieses Systems ist die geringe finanzielle Belastung für den Staat. Ein großer Nachteil ist in der ökologischen Belastung zu sehen, da die Flächen häufig nicht auf ihr Potential für landwirtschaftliche Produktion untersucht wurden und somit große Schäden an Vegetation und Boden vorprogrammiert waren.

Nach dem Einsetzen der Agrarreform im Jahre 1954 kristallisierte sich ein zweites Kolonisationssystem heraus, die *gelenkte oder orientierte Kolonisation.* Die Lenkung und Förderung von Seiten des Staates ist deutlich ausgeprägter, vor allem das bolivianische Heer spielte eine zentrale Rolle bei dem Aufbau dieser orientierten Kolonien.

Neben diesen beiden Hauptkolonisationsformen nehmen verstärkt Gebiete ausländischer Siedler eine zentrale Stellung im bolivianischen Tiefland ein, hierzu gehören vor allem japanische und mennonitische Kolonien.

Die fünf Communidades, die um die Mennonitenkolonie Riva Palacios gelegen sind, weisen fast alle ein sehr junges Gründungsjahr auf: San Lorenzo (1975), San Isidro I und II (beide 1986), Tierra Santa (1990, vgl. KARSTEN 2000), San Juan de Camargo (1992, vgl. GRIES 2000).

3.2 Geschichte der Mennoniten

Die Ursprünge der mennonitischen Bewegung gehen zurück auf Menno Simon (1496-1561) ausgehend vom niederländischen/ostfriesischen Raum. Schon nach kurzer Zeit begann die Wanderbewegung in Richtung Osten, über Ostfriesland

und Schleswig-Holstein. Schließlich siedelte ein Großteil in Polen an, wo sie aufgrund ihrer Fähigkeiten im Deichbau und Meliorationswesen sehr willkommen waren. 1789 wanderten viele Mennoniten auf Einladung von Katharina II., Zarin von Russland, nach Russland aus. Nach der Einführung der allgemeinen Wehrpflicht fühlten sich die Mennoniten in ihren bislang gewährten Privilegien eingeschränkt und siedelten größtenteils nach Kanada aus. Auch hier wurden die anfangs gewährten Zugeständnisse wie Schulautonomie und Sprachfreiheit zurückgenommen, was dazu führte, dass ein großer Strom nach Mexiko auswanderte. Nach internen Uneinigkeiten und Landverknappung zogen viele Mennoniten schließlich 1930 nach Paraguay und 1954 nach Bolivien (SAWATZKY 1986, FROMENT 1984, DYCK 1981, REDEKOP 1980, HEPPNER o.J.).
Schon 1926 und 1930 gab es Einladungen der bolivianischen Regierung mit ähnlichen Sonderrechten wie in Paraguay (vgl. 3.3.1). 1954 bot eine bolivianische Baumwollkompanie den ersten zehn mennonitischen Familien je 60 ha Land zu sehr günstigen Bedingungen an: sechs Familien (25 Personen) nahmen das Angebot an und machten die ersten Flächen urbar. Diese kleine Gruppe russischer Mennoniten aus dem paraguayischen Chaco gründete die erste Kolonie in Bolivien: Tres Palmas. Auf die weitere Landnutzung der Mennoniten in Bolivien wird in Kapitel 3.3 näher eingegangen.
Mennoniten sind Mitglieder einer religiösen Glaubensrichtung und Anhänger einer nach 1535 entstandenen Reformationsbewegung, die ein kalvinistisch geprägtes Christentum vertreten, die Kindertaufe ablehnen und die sittliche Heiligung betonen. Weltweit gibt es mittlerweile 973.000 Mennoniten in 60 verschiedenen Ländern, 53 % der Mennoniten leben auf der Südhalbkugel (alle Daten von 1994). In Nordamerika leben 407.713, in Afrika 276.653, in Asien 151.057, in Lateinamerika 91.436 und in Europa 49.132 Mennoniten. Länder mit den meisten Mennoniten-Anhängern sind die USA mit 287.781, Zaire 136.200, Kanada mit 117.932, Indien mit 84.195, Indonesien mit 60.709 und Äthiopien mit 50.018 (Internet-Recherche). Im Jahre 1969 lebten 200 Mennoniten in Bolivien (GOERTZ 1971, S. 262), heute sind es 33.187 Mennoniten (Statistik des *Centro Menno* Santa Cruz vom Dezember 1997).
Nach CEASE (1997) sind 59 % der Einwohner der Mennonitenkolonie jünger als 12 Jahre und 1,5 % über 65 Jahre alt. Diese Zahlen verdeutlichen den stark wachsenden Bevölkerungsdruck in der Region.

3.3. Landnutzung der Mennoniten

Die Karte 7 liefert eine Übersicht über die Verteilung der Siedlungskolonien der Mennoniten im Tiefland Boliviens.

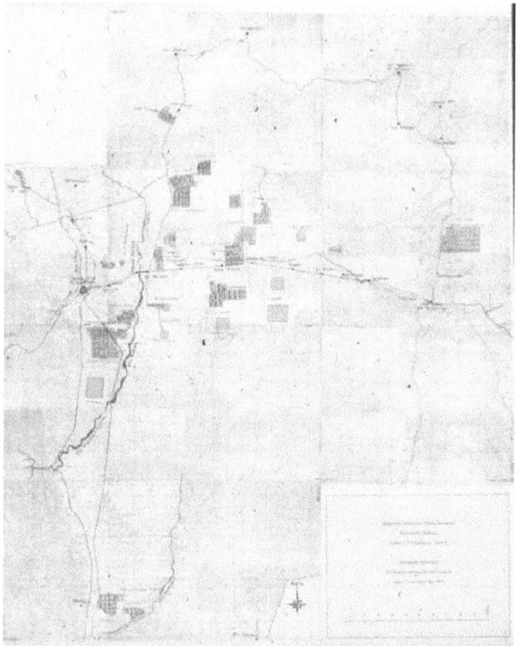

Quelle: Enns (1996)

Karte 7: Landwirtschaftliche Siedlungskolonien der Mennoniten im Tiefland Boliviens

3.3.1 Kolonisation

Der Mangel an Ackerland ist - neben Generationskonflikten aus rein religiösen Gründen in der Geschichte der Mennoniten - einer der Hauptgründe für die häufige und nicht enden wollende Wanderbewegung. Dabei spielen folgende an die Regierung geforderte Privilegien eine wichtige Rolle: Religionsfreiheit, eigenes Schulwesen, Wahrung der (nieder-)deutschen Sprache, Befreiung vom Militärdienst, Freistellung von Sozialversicherung. Im Gegenzug profitiert der Staat von Steuereinnahmen, Versorgung mit landwirtschaftlichen Produkten und Urbarmachung von nicht genutzten Flächen.

Die bolivianischen Kleinbauern bekommen vom Staat aufgrund einer staatlichen Gesetzgebung aus den 50er Jahren (Agrarreform) 50 ha Land im Tiefland geschenkt. Aus staatsrechtlichen Gründen gilt dies nicht für die Mennoniten mit

meist ausländischer Staatsangehörigkeit. So kauft die Kolonie als Gemeinde eine Gesamtfläche vom Staat auf und verkauft daraufhin kleine Parzellen à 50 ha an die einzelnen mennonitischen Siedler.
Bei der Auswahl der Flächen spielt das Relief eine große Rolle, so werden ausschließlich flache Ebenen für die Landnutzung gewählt, die problemlos mit Maschinen zu bewirtschaften sind (vgl. Karte 7). Ein vergleichbares Beispiel nennt SCHNELLER (1995) aus dem Pantanal, wo Kleinbauern in umliegende, hügelige Gebiete verdrängt werden, während die ebenen Flächen für großflächigen maschinellen Sojaanbau genutzt werden.
1966 kauften mexikanische Mennoniten 100.000 ha Land für einen Durchschnittspreis von 1,25 US-Dollar pro Hektar. Daraufhin wurde u.a. die Kolonie Riva Palacios im Jahre 1967 gegründet. 1986 hatte Riva Palacios eine Bevölkerungszahl von 5.500 (33,8 %, gesamt Bolivien: 16.251), 1996 5.488 (19,2 %, Bolivien: 28.567) und im Dezember 1997 stieg die Anzahl auf 5.728 (17,3 %, Bolivien: 33.187). In elf Jahren hat sich die Gesamtanzahl der Mennoniten in Bolivien von 1986 bis 1997 mehr als verdoppelt, ein weiteres Indiz für den starken Bevölkerungsdruck in der Region (vgl. Kap. 3.2).
Die Gemeindezugehörigkeit der Bewohner in Riva Palacios ist diejenige der Altkolonier. Diese Glaubensrichtung gilt als sehr konservativ. In der Kolonie gibt es keinen elektrischen Strom, kein fließendes Wasser, keine Kraftfahrzeuge, kein Radio, Fernsehen, Zeitung, Gesang, Tanz und mit Ausnahme der Bibel kein unterhaltendes Buch.
Das doch sehr ausgeprägte Bevölkerungswachstum und die damit einhergehende Landverknappung führte dazu, dass die Koloniegemeinschaft Riva Palacios eine knapp 12.000 ha große im Süden der Kolonie gelegene Waldfläche gekauft hat, um dort die Tochterkolonie Gnadenhoff (El Dorado) im Jahre 1996 zu gründen. Im Dezember 1997 wohnten dort bereits 298 Mennoniten.
Jede mennonitische Familie in El Dorado hat 50 ha Wald gekauft. Die Kosten betrugen 1997 50 US-Dollar pro ha Wald und ergeben für die Fläche eines Betriebes 2.500 US-$. Mit Hausbau und Anteil für die Straßenerschließung betragen die Kosten 6.000 US-$ pro Hof. 1998 war der Preis bereits auf 100 US-Dollar pro Hektar Wald angestiegen.

3.3.2 Landrodung

Die Betriebsflächen sind jeweils zwei Kilometer lang und 250 m breit. In Riva Palacios waren die Flächen ursprünglich anders geschnitten: 4 km * 125 m und somit auch 50 ha groß. Bei Teilungen der Flächen, z.B. nach Erbschaften, ist aufgefallen, dass 125 m zu schmal waren und die Gehöfte zu dicht beieinander standen, daher wurden nun bereits bei der Planung 250 m Breite veranschlagt.
Am Rande der zu rodenden Fläche bleiben 15 bis 20 m der ursprünglichen Vegetation als Windschutzstreifen stehen. Raupenschlepper mit Schaufeln (Caterpillar) stürzen die Bäume um und schieben jeweils 22 m von zwei Seiten in Reihen zusammen, wo die Vegetation anschließend verbrannt wird (Fotos 3a und 3b). Die Stämme werden zuvor herausgeholt, um daraus Holzbretter herstellen zu können. Dies ist zum einen für den eigenen Verbrauch als Bau- und Feuerholz, zum anderen für den Verkauf bestimmt. Abraham Guenther Loewen, der Besitzer der Untersuchungsparzelle in El Dorado, hat dafür beispielsweise eine eigene Sägerei (vgl. Foto 4).
Für die Rodung von einem Hektar Wald benötigt man in der Regel 3 ½ - 4 Stunden. Die Maschinen werden von Lohnunternehmern geliehen, wobei eine Stunde 52 US-Dollar kostet. Damit ergeben sich Kosten für die Rodung von 170 bis 220 US-$ pro ha (eigene Befragungen). KLAUBE (1991) beziffert die Kosten für die Waldrodung bei den Mennoniten mit 250 US-Dollar bei etwa fünf Zeitstunden.

Foto 3a: Luftbild von Rodungsflächen mit Asche (El Dorado)
(Foto: Dr. Wachholtz)

Foto 3b: Luftbild von Rodungsflächen mit Anreicherungen und Rückständen des Brandes im Boden (schwarze Färbung) (Foto: Dr. Wachholtz)

Foto 4: Sägerei von Abraham Guenther Loewen (El Dorado)

3.3.3 Anbau und Bewirtschaftung

In den beiden Kolonien Riva Palacios und El Dorado werden ausschließlich stahlbereifte Traktoren für die Bewirtschaftung verwendet (Foto 14). Mit diesen Traktoren kann man somit nur innerhalb der Kolonie fahren, öffentliche Verkehrswege sind damit ausgeschlossen. Bei der Befragung von mennonitischen Landwirten wurde deutlich, dass ein Problembewusstsein für die Stahlbereifung der Traktoren vorhanden ist. Alle Befragten waren sich im Klaren über die Folgen dieser Bewirtschaftungsform, die Verdichtung wurde z.B. immer als erster Risikofaktor genannt. Eine wirklich plausible Begründung für diese überlieferte Praktik konnte allerdings keiner geben, z.T. wurden religiöse Gründe angeführt. In Belize von KLAUBE (1990) geführte Interviews lassen die Problematik sehr gut erkennen: „Ich habe mich oft mit meinem Vater unterhalten und habe ihn gefragt: ‚Wenn ein Motor Gummireifen treibt und zieht, dann ist es eine Sünde. Wenn aber ein Pferd einen gummibereiften Wagen zieht, dann ist das keine Sünde. Wie passt so etwas zusammen?' Seine Antwort

war dann nur: ‚Es ist immer so gewesen, und die Vorfahren haben so gelebt. Also leben auch wir so. Die Pferde sind uns von Gott gegeben.'“
Grundsätzlich wird aus rein religiösen Gründen keine Düngung vorgenommen, aber Pestizide wie Insektizide, Herbizide und Fungizide kommen zum Einsatz. Die Mennoniten bewirtschaften ihre Flächen ausschließlich ohne jegliches Brache-Management. So werden in Riva Palacios seit 1969 die Böden ununterbrochen landwirtschaftlich genutzt. Gespräche mit Mennoniten der Kolonie Valle Esperanza bei Quadro Cañadas führten auch dort zu dem Ergebnis, dass keine Bracheflächen vorhanden sind. Dort wird seit 22 Jahren ohne Unterbrechung auf den Flächen intensive Landwirtschaft betrieben.

Eine wichtige Bedeutung bei dem Anbau und der Bewirtschaftung durch die Mennoniten in dem Untersuchungsraum kommen den Windschutzstreifen zu (*las cortinas de rompevientos*). Der Wind ist der Hauptauslöser für die starke Degradation des Bodens. Dabei kommen zahlreiche erosionsfördernde Faktoren zusammen:

- Winde von hoher Geschwindigkeit („*surazos'*),
- flaches Relief,
- große Agrarflächenausdehnungen in den Kolonien,
- in ausgeprägter Trockenzeit temporär trockene Böden mit geringer Aggregatstabilität,
- temporär fehlende Vegetationsbedeckung durch Ernte und Bearbeitung.

Es wird deutlich, dass die Windschutzstreifen in der Region bei dem großflächigen Anbau der Mennoniten dringend notwendig sind. Bislang werden sie jedoch nur unzureichend gepflegt und unterhalten und sind auch nicht in ausreichendem Maße vorhanden (vgl. Cooperación Técnica Boliviano-Alemana 1999). Somit ist auch von höchst wichtiger Bedeutung, dass bei der Neuanlage der Kolonie „El Dorado“ das Stehen lassen von Windschutzstreifen beachtet wird, was bislang auch berücksichtigt wird.
Um die optimale Wirkung der Windschutzstreifen zu erzielen, ist ihre Anordnung und Ausrichtung von enormer Bedeutung. Ein Großteil der Winde im Untersuchungsraum kommt aus Nordwesten, und die Agrarflächen mitsamt ihren Schutzstreifen liegen in Ost-West-Richtung. Dieses kann durchaus als

positiv gewertet werden. Einen allgemeinen Leitfaden zur Planung von Windschutzpflanzungen sowie deren Wirkungen liefert RAUSSEN (1990).
Bewässerung wird in den Mennonitenkolonien nicht durchgeführt, in Ausnahmefällen jedoch zur Bewässerung von Gemüse im Hausgarten. Nach persönlicher Mitteilung vor Ort, gab es einen Bewässerungsversuch südlich der Kolonie Riva Palacios. Der erwartete Erfolg blieb jedoch aus. Den Beobachtungen zu Folge verstärkte sich auf den Bewässerungsflächen die Erosion: Die Aggregate wurden durch den Wasseraufprall gelöst, darauf folgte eine Verschlämmung. Durch die Aggregatzerstörung und anschließende Austrocknung des Bodens kam es zu verstärkter Ausblasung und Auswehung kleinerer Bodenpartikel.
Aufgrund der Bodenverdichtung im mennonitischen Landnutzungssystem wurde der Wunsch nach Tiefpflügen bei den Landwirten immer wieder geäußert. Mit dem sogenannten ‚*subsolador*' lässt sich die Verdichtung bis in über 50 cm Tiefe lockern, was aber von den Mennoniten aus Kostengründen äußerst selten angewandt wird.
Bei dem Anbau von Markt- und Handelsfrüchten („*cash-crops*") überwiegt bei den Mennoniten schwerpunktmäßig die Sojapflanze. Zusätzlich wird zur Eigenversorgung als Futtermittel für die Milchviehhaltung vor allem Sorghum angebaut. Mais wird von den Mennoniten bei den bolivianischen Kleinbauern als zusätzliches Futter gekauft.
Sorghum, in der Region von den Mennoniten ausschließlich „*Cafferncorn*" (span. sorgo) genannt, wird nur als reine Futterpflanze für die tierische Ernährung angebaut. Bei der Produktion finden ausschließlich Hybridsorten Verwendung. Bis zur Reife braucht Sorghum 90 Tage. Die Erträge liegen in der Region bei etwa 1000 Garben je ha.
Von Seiten der Ökophysiologie findet Sorghum in dieser Region optimale Bedingungen vor (REHM & ESPIG 1996). Sorghum ist dürretolerant, verträgt aber gleichfalls nasses Bodenregime. Es entwickelt ein sehr dichtes und tief reichendes Wurzelsystem, daher sollte der Boden tiefgründig sein, um hohe Erträge zu erreichen. REHM & ESPIG (1996) geben einen Nährstoffentzug für 1 t Körner mit etwa 50 kg N, 9 kg P und 45 kg K an.
Sorghum wird einjährig angebaut, wobei bei günstigen Witterungsverhältnissen, also bei genügend Niederschlag, die Stoppeln stehengelassen werden und eine

zweite Ernte erfolgt (*ratoon crop*, kontrollierter Wiederaufwuchs der Kultur, mehrere Ernten von einer Saat). In einzelnen Fällen wird auch das Vieh zur Gräsung auf diese Flächen getrieben.

Die Befragungen ergaben, dass Herbizide in großem Umfang eingesetzt werden, da große Schäden durch Mehltau, Würmer und Rost verursacht werden.

Nach REHM sollte nach dem Sorghum-Anbau wegen der intensiven Nährstoffaufnahme eine Düngung erfolgen, die aber bei der Bewirtschaftung durch Mennoniten aus o.a. Gründen ausbleibt.

Zu dem landwirtschaftlichen Hauptanbauprodukt in der Region um Santa Cruz de la Sierra hat sich die **Sojabohne** entwickelt. Dabei findet der größte Teil des bolivianischen Sojaanbaus in den Mennonitenkolonien statt. Nach Untersuchungen von BOLÍVAR (1978) wurden bereits im Anbaujahr 1976/77 3350 ha Soja von den Mennoniten angebaut, was nach MONHEIM & KÖSTER (1982) einem Anteil von 46,5 % entsprach. 1995 wurden über 150.000 ha Soja in den mennonitischen Kolonien angebaut, was gute 51 % des gesamten bolivianischen Sojaanbaus entspricht (Tabelle 2). Die Bodenvorbereitung für Soja findet überwiegend unmittelbar vor der Einsaat statt, die in der Regel im Dezember/Januar in Abhängigkeit von Niederschlagsereignissen stattfindet. Die Ernte erfolgt dann im März/April.

Eine Übersicht über die wirtschaftliche Stärke der Mennoniten und auch der anderen ausländischen Siedler im Gegensatz zu den bolivianischen Landwirten gibt die folgende Tabelle 2.

	Weizen		Soja		Sonnenblume	
Bolivianer	15.390 ha	29,0 %	123.350 ha	19,86 %	13.400 ha	32,7 %
Mennoniten	18.180 ha	34,3 %	152.550 ha	51,25 %	6.670 ha	16,3 %
Brasilianer	3.360 ha	6,3 %	64.800 ha	9,82 %	1.880 ha	4,6 %
Japaner	15.200 ha	28,7 %	45.700 ha	15,18 %	18.530 ha	45,1 %
andere	870 ha	1,7 %	7.200 ha	3,89 %	520 ha	1,3 %
gesamt	53.000 ha	100,0 %	393.600 ha	100,0 %	41.000 ha	100,0 %

Tab. 2: Verteilung der landwirtschaftlichen Anbauflächen in Bolivien von Weizen, Soja und Sonnenblume, 1995. Quelle: Statistiken von ANAPO

Auffällig dabei ist, dass die bolivianischen Bauern bei den landwirtschaftlichen Produkten Weizen, Soja und Sonnenblume jeweils nur den zweiten Rang einnehmen. Bei Weizen und Soja sind die Mennoniten Hauptproduzenten, den größten Anteil der Sonnenblume produzieren die japanischen Landwirte. Ein

Maß für die Intensivierung der Mennoniten zeigen die Daten der Soja-Produktion: Sie produzieren auf gut 150.000 ha mehr als 50 % der gesamten Produktion, die Bolivianer bauen hingegen auf nur unwesentlich kleinerer Fläche an, erreichen aber nur knapp 20 % des Ertrages.

4. Theoretische Grundlagen zur Bodenqualität und zum Bodennutzungspotential

Zur allgemeinen Definition des Begriffes Bodenfruchtbarkeit sei auf DABBERT (1994) und CARTER et al. (1997) verwiesen. LAL (1999), PRASAD & POWER (1997), BRUSSARD & FERRERA-CERRATO (1997), SCHINNER & SONNLEITNER (1996) und LAL & STEWART (1990) haben in recht neuen Veröffentlichungen sehr umfangreiche Arbeiten zur Bodenökologie, Bodendegradation, Bodenfruchtbarkeit und Bodenerosion zusammengestellt.

Bei der Betrachtung der Bodendegradation als ein globales Problem werden in der Abbildung 5 Faktoren und Prozesse der Degradation ersichtlich. Dabei sind diejenigen Punkte, die für den Bereich der mennonitischen Kolonien im bolivianischen Tiefland zutreffen, *kursiv* gekennzeichnet. Es wird deutlich, dass eine große Anzahl an physikalischen, chemischen und biologischen Prozessen in dieser Region zur Bodendegradation führen.

Die Auswirkungen des hohen Bevölkerungsdruckes auf das Agrarpotential im bolivianischen Tiefland mit den pedoökologischen Folgen im Mittelpunkt sind aus Abbildung 6 ersichtlich.

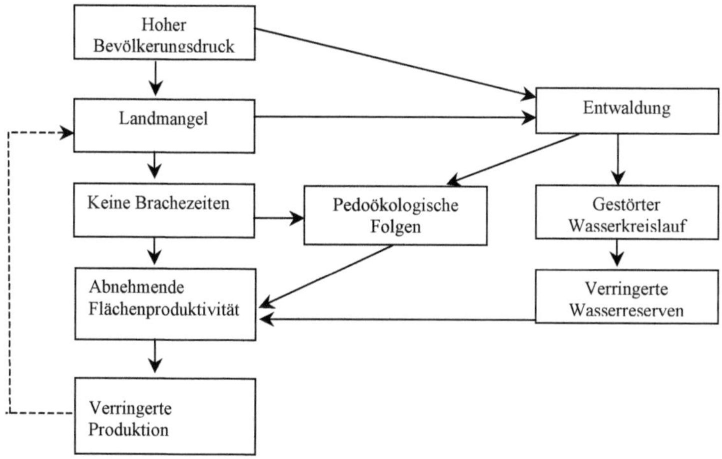

Abb. 6: Auswirkungen des hohen Bevölkerungsdruckes auf das Agrarpotential im bolivianischen Tiefland (verändert nach MANSHARD & MÄCKEL 1995).

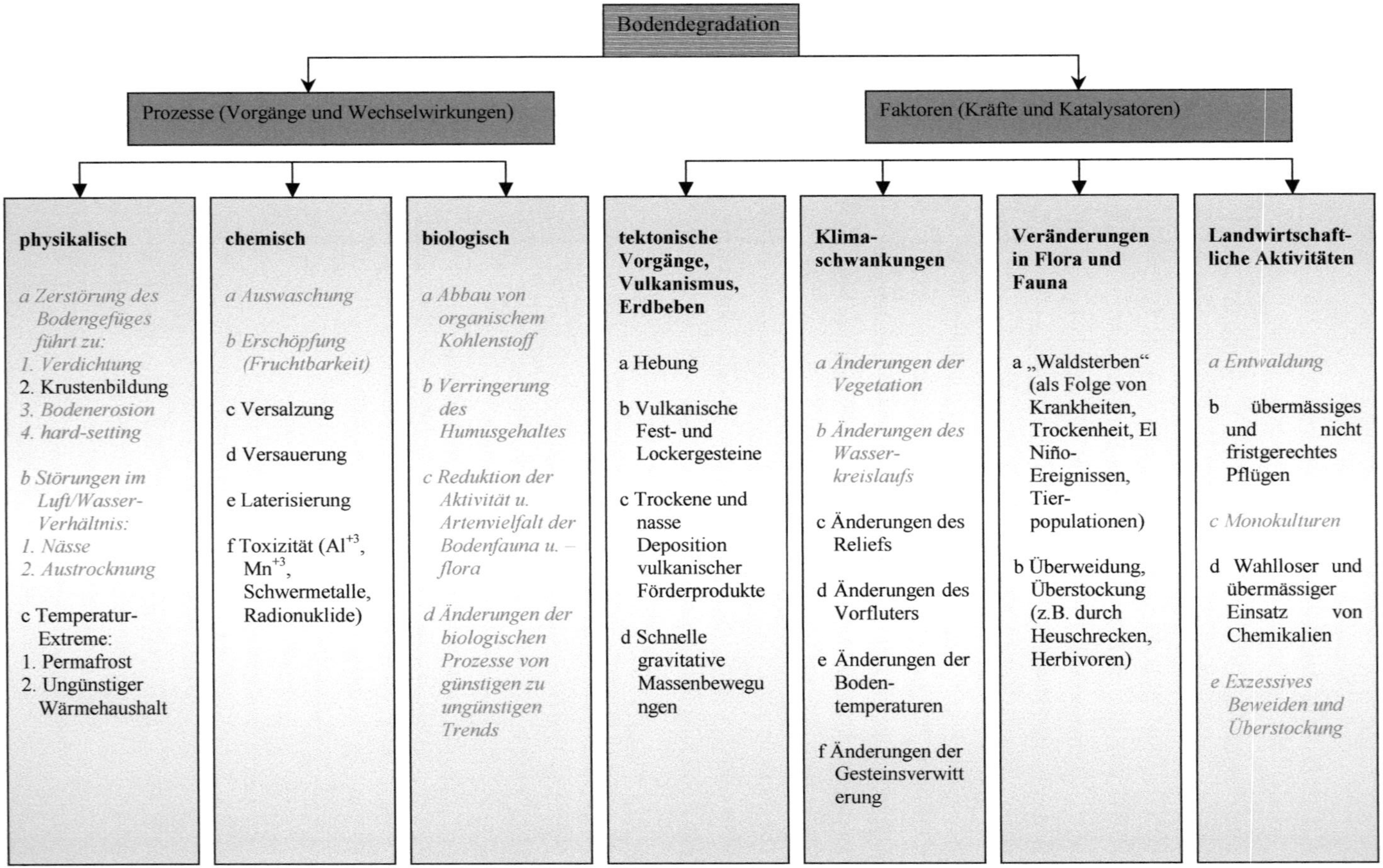

Abb. 5: Faktoren und Prozesse der Bodendegradation (verändert nach LAL et al. 1989 und HEINE 1994)

Es gibt diverse Arbeiten, die eine Bewertung des Bodenpotentials durchführen. LÜKEN et al. (1970) haben ein System zur Beurteilung der Nutzungseignung von Böden in Entwicklungsgebieten entworfen. GIERHAKE (1998) stellt die inhaltlichen Vorgaben für die Erstellung von Raumordnungsplänen zusammen. Grundlegend ist zunächst eine „*Räumliche Analyse*“, wozu unter anderem die Beschreibung der Nutzung der natürlichen Ressourcen gehört. Es werden Grundlageninformationen zusammengetragen, die letztendlich zu einer Bewertung des Nutzungspotentials der natürlichen Ressourcen in jeweils „*hoch*“, „*mittel*“ und „*niedrig*“ mündet. Dieses gilt insbesondere auch für das Bodennutzungspotential in räumlicher Ausdehnung, dessen Bewertung in der vorliegenden Studie im Vordergrund steht.
Die Bezeichnung des Kernproblems mit den Ober- und Projektzielen und ihren Zielgruppen des GTZ-Projektes „Nachhaltige Bewirtschaftung der natürlichen Ressourcen im Departement Santa Cruz“ ist im Anhang zu finden (Abbildung 30).

5. Methodik der Untersuchung

In diesem Kapitel sollen einerseits die konzeptionellen Überlegungen skizziert werden, die zur Auswahl der Untersuchungsflächen und schließlich der Beprobungsstandorte geführt haben. Andererseits werden die Vorgehensweisen zur Datenerhebung und der Bodenaufnahme im Gelände aufgezeigt. Schließlich werden die Methoden und Analyseverfahren der bodenkundlichen Untersuchungen zusammenfassend dargestellt.

5.1 Auswahl der Untersuchungsflächen und Lage der Standorte

Um die pedoökologischen Folgen von traditioneller und moderner Landnutzung im Vergleich zu untersuchen, war es notwendig, eine möglichst geringe Distanz zwischen beiden Landnutzungsformen zu wählen. Deshalb wurden für die vorliegende Arbeit die Mennonitenkolonien Riva Palacios und El Dorado ausgewählt, für die Arbeit von KARSTEN (2000) die dazwischenliegende Communidad Tierra Santa.

Bei der Auswahl der Standorte mussten verschiedene Aspekte beachtet werden, um die Vergleichbarkeit zu gewährleisten: Die Flächen sollten möglichst dicht beieinander liegen, gleiche Bodenarten aufweisen und die gleiche Entfernung zum Río Grande haben. Die Standorte sollten auf ebenen Flächen liegen, um einen Hangeinfluss zu vermeiden. Ferner war das Alter der landwirtschaftlichen Nutzung von großer und ausschlaggebender Bedeutung. Alle genannten Faktoren konnten durch Begehungen im Gelände und vor allem in Gesprächen mit den mennonitischen Landwirten Berücksichtigung finden, so dass von einer sehr guten Vergleichbarkeit der Untersuchungsparzellen ausgegangen werden kann. Die starke Kooperationsbereitschaft der Mennoniten war dabei von großem Vorteil. Da langjährige Untersuchungen im Rahmen dieser Arbeit nicht möglich waren, wurde das Prinzip der „*falschen Zeitreihe*“ (‚*false-time-series*’) angewandt. Es wurden sechs Flächen mit unterschiedlicher Nutzungsdauer ausgewählt:

- Referenzfläche (Waldbestand)
- Nutzungsdauer: nach Rodung/einmaliger Ernte
- Nutzungsdauer: fünf Jahre
- Nutzungsdauer: fünfzehn Jahre
- Nutzungsdauer: 25 Jahre
- Nutzungsdauer: 29 Jahre.

5.2 Datenerhebung und Bodenaufnahme im Gelände

Nach der Auswahl der Parzellen wurde jeweils ein Leitprofil pro Fläche angelegt. Die Bodenansprache der Profile erfolgte mit Hilfe eines Aufnahmeblattes, das weitgehend an die bodenkundliche Kartieranleitung angelehnt ist (AG Boden 1994).

Die horizontweise Beprobung der Leitprofile ermöglicht eine genaue, repräsentative Charakterisierung der Böden.

Damit die punktuelle Probennahme im Leitprofil auch auf die Fläche übertragen werden kann, wurden um die Bodenleitprofile herum auf einer 1 ha großen Fläche neun Mischproben genommen. So wurden an jeweils neun Standorten pro Fläche Mischproben aus dem Ober- und Unterboden (0 bis 30 cm, 30 bis 60 cm) entnommen, die sich wiederum aus jeweils 8 bis 10 Pürckhauer-Einschlägen zusammensetzten (siehe Abbildung 7). Eine zehnte Mischprobe wurde durch Mischung der neun gezogenen Proben gewonnen. Damit ergaben sich 120 Mischproben (sechs Flächen à zehn Oberboden- und zehn Unterboden-Mischproben) und 20 Horizontproben (Gesamtprobenanzahl: 140).

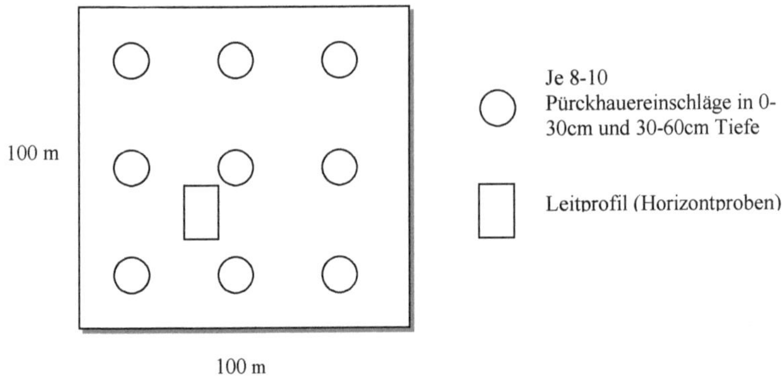

Abbildung 7: Skizze zur Probennahme im Gelände

Die jeweiligen Beprobungsstandorte wurde mit dem GPS Magellan NAV 1000 PLUS lokalisiert und anschließend fotografisch dokumentiert.

5.3 Methodik der Laboranalytik

Nach der Datenerhebung und Bodenaufnahme im Gelände konnte das gestörte Bodenmaterial im Laboratorio de Suelos, Agua y Bromatología des CIAT (Centro de Investigacíon Agrícola Tropical) in Santa Cruz aufbereitet werden. Der luftgetrocknete Boden wurde im Mörser homogenisiert und mit einem 2mm-Sieb gesiebt, ein Skelettanteil fiel dabei nicht an. Zudem wurde die Lagerungsdichte bestimmt.

Im Laboratorio de Calidad Ambiental des Ökologischen Instituts der Universidad Mayor de San Andrés in La Paz wurden im Januar und Februar 1999 die ersten bodenphysikalischen und bodenchemischen Untersuchungen eigenhändig durchgeführt (pH-Wert, Leitfähigkeit, Phosphatbestimmung nach Olsen, pF-Wert).[1]

Die restlichen bodenphysikalischen und bodenchemischen Untersuchungen wurden im Bodenkundlichen Labor des Geographischen Instituts der Georg-August-Universität in Göttingen selbständig durchgeführt.

Im Folgenden sind die Analyseverfahren der einzelnen Parameter dargestellt.

5.3.1 Methodik der bodenphysikalischen Parameter

Lagerungsdichte (d_B in g/cm³)

Die Lagerungsdichte wurde gravimetrisch nach HARTGE & HORN (1989) mit Hilfe von Stechzylindern (100 cm³) bestimmt. Die ungestörten Bodenproben wurden bei 105°C im Trockenschrank bis zur Gewichtskonstanz getrocknet und gewogen und die Lagerungsdichte errechnet.

pF-Wert

Die Stechzylinder mit den ungestörten Bodenproben wurden auf der Unterseite mit einem Filterpapier versehen, das mit einem Gummiband befestigt war. Anschließend wurden die Proben bis zur Gewichtskonstanz mit destilliertem Wasser aufgesättigt. Die erste Wägung erfolgte nach Aufsättigung und

[1] Das Umwelt-Qualitäts-Labor wurde 1992 mit Hilfe und Unterstützung der GTZ gegründet und hat sich mittlerweile auf Durchführung von chemischen Analysen bezüglich der Umweltqualität in Bolivien spezialisiert. Aufträge kommen von Regierungsinstitutionen, nationalen und internationalen Industrien, beratenden Unternehmen, Entwicklungshilfeprojekten und universitären Forschungsprojekten.

Abtropfen (pF 0). Die Probe wurde mit Hilfe der Überdruckmethode in einem Drucktopf schrittweise entwässert bei 0,06 bar (pF 1,8), 0,33 bar (pF 2,5) und 15 bar (pF 4,2). Das Restwasser wurde bestimmt nach einer Trocknung bei 105°C (ca. pF 6,8). Aus den Ergebnissen lässt sich mit permanentem Welkepunkt (PWP), nutzbarer Feldkapazität (nFK), Feldkapazität (FK) und Luftkapazität (LK) das hydrostatische Potential bestimmen. Zudem ergibt sich die Porengrößenverteilung mit Gesamtporenvolumen (GPV), Feinporen (FP), Mittelporen (MP), engen (eGP) und weiten (wGP) Grobporen und Substanzvolumen (SV). Dabei liegen folgende Porengrößenbereiche der genannten Methode zugrunde (SCHEFFER & SCHACHTSCHABEL 1998, S. 148 und AG BODEN, S. 296):

Porenklasse	Porendurchmesser (µm)	Wassersäule (cm)	pF	Unterteilung des Bodenwassers	Unterteilung der Speicherkapazität
weite Grobporen	> 50	1-60	0-1,8	schnell bewegliches Sickerwasser	LK
enge Grobporen	50-10	60-300	1,8-2,5	langsam bewegliches Sickerwasser	nFK
Mittelporen	10-0,2	300-15000	2,5-4,2	pflanzenverfügbares Haftwasser	
Feinporen	< 0,2	> 15000	> 4,2	nicht pflanzenverfügbares Haftwasser	Totwasser

Tab. 3: Einteilung der Porengrößenbereiche nach dem Porendurchmesser und der Wasserspannung (cm Wassersäule bzw. pF-Wert)

Porengrößenverteilung nach RENGER (1971)

Die Ermittlung der Porengrößenverteilung erfolgte neben der laboranalytischen Methode über den pF-Wert auch rechnerisch nach RENGER (1971) aus der Körnung, dem Gehalt an organischer Substanz und der Lagerungsdichte. Die bodenkundliche Kartieranleitung (AG BODEN 1994) lieferte die Berechnungsgrundlage für die nutzbare Feldkapazität (nFK) und die Feldkapazität des effektiven Wurzelraumes (nFKWe) unter Berücksichtigung der Horizontmächtigkeit sowie der maximalen Durchwurzelungstiefe, der Bodenart und des Gehaltes an organischer Substanz.

Korngrößenverteilung nach KÖHN

Die Bestimmung der einzelnen Korngrößenfraktionen des lufttrockenen Feinbodens (Einwaage 10 g) erfolgte mittels der kombinierten Sieb- und

Pipettanalyse nach KÖHN. Partikel von 63 – 2000 µm wurden durch Nasssiebung voneinander getrennt, die Partikel <63 µm mit Hilfe der Pipettanalyse. Zur Zerstörung der organischen Substanz diente Wasserstoffperoxyd. Zur Zerstörung weiterer Aggregate bzw. zur Herabsetzung der Bindungsfähigkeit wurde 0,4 N $Na_4P_2O_7$ als Dispergierungsmittel verwendet (HARTGE & HORN 1989).

5.3.2 Methodik der bodenchemischen Parameter

pH-Wert

Der pH-Wert wurde nach COCHRANE & BARBER (1993) elektrometrisch mittels einer Glaselektrode bestimmt. 20 g lufttrockener Feinboden wurde im Verhältnis 1:2,5 mit 50 ml destilliertem H_2O bzw. 1 M KCl versetzt, eine Stunde maschinell geschüttelt und anschließend gemessen (Microprozessor pH Meter pH 196 der Firma WTW [Wissenschaftlich-Technische Werkstätten GmbH], Elektrode: AG DIN 7,0; 0-14 pH).

Elektrische Leitfähigkeit (EC in µS/cm)

Die elektrische Leitfähigkeit wurde mit dem Conductometer LF 191 ohne Temperaturkompensation der Firma WTW in einer Boden/Wasser-Suspension im Verhältnis 1:2,5 gemessen. Dabei wurden 20 g lufttrockener Boden mit 50 ml destilliertem Wasser eine Stunde maschinell geschüttelt und gemessen. Anschließend wurden die Messwerte um die Zellkonstante als Temperaturfaktor nach KRETZSCHMAR (1996) korrigiert und somit für 25°C angegeben.

Pflanzenverfügbare Nährstoffe Calcium, Natrium und Kalium nach EGNER-RIEHM

Die pflanzenverfügbaren Nährstoffe Calcium, Natrium und Kalium wurden nach EGNER-RIEHM flammenphotometrisch bestimmt. Dabei wurden 5 g lufttrockene Feinerde mit 100 ml Ammoniumlactat-Lösung (9,01 g hydrolysierte Milchsäure + 18,75 g Essigsäure (96 %) + 7,70 g NH_4-Acetat auf 1000 ml) versetzt, vier Stunden maschinell geschüttelt und anschließend gefiltert (SCHLICHTING, BLUME & STAHR 1995) sowie mit dem Flammenphotometer ELEX 6361 der

Firma eppendorf gemessen. Calcium wird dabei unter Verwendung von Acetylen gemessen, Natrium und Kalium mit Propan.

Phosphatbestimmung nach OLSEN

Zur Bestimmung des pflanzenverfügbaren Phosphats wurden 5 g lufttrockener Feinboden mit Natriumhydrogencarbonatlösung (0,5 M $NaHCO_3$, pH 8,5) versetzt, filtriert und mit Hilfe einer Indikatorlösung als blauer Molybdat-Phosphatkomplex am Spektralphotometer Milton Roy Spectronic 301 bei 720 nm gemessen. Bei der angewandten P-OLSEN-Methode werden nach SCHAD (1995) zum einen die Ca-Phosphate durch Ausfällung von $CaCO_3$ gelöst, zum anderen gehen - bedingt durch den hohen pH-Wert - Phosphate in Lösung, die an Eisen und Aluminium sowie in organischen Stoffen gebunden sind.

Bestimmung der effektiven Austauschkapazität (KAK_{eff})

Die im Boden gebundenen, austauschbaren Kationen wurden im Perkolationsverfahren mit ungepufferter 0,2 N $BaCl_2$-Lösung bei 5 g lufttrockener Feinbodeneinwaage ausgetauscht. Die austauschbaren Kationen Ca, Na und K wurden flammenphotometrisch am ELEX 6361 der Firma eppendorf gemessen, Al und Mg wurden am Atomabsorptions-Spektrometer (Flammen-AAS) bestimmt. Die Anzahl der H^+-Ionen wurden über den pH-Wert in der Austauscherlösung berechnet. Die Summe der ausgetauschten Kationen beschreibt die effektive Kationenaustauschkapazität in $cmol_c$/kg Boden (SCHEFFER & SCHACHTSCHABEL 1998). Zur Kontrolle wurde an den Proben der Bodenleitprofile der Rücktausch mit 0,2 N $MgCl_2$ vorgenommen (SCHLICHTING, BLUME & STAHR 1995). Die Kationensättigung an den Austauschern wurde prozentual berechnet. Die Gehalte an austauschbarem Fe, Cu, Zn und Si wurden aufgrund ihres geringen Anteils an der $KAK_{eff.}$ in der vorliegenden Untersuchung nicht bestimmt.

Gesamtkohlenstoff (C_t) und Gesamtstickstoff (N_t)

Nach der Homogenisierung des Feinbodens mittels der Planetenkugelmühle (Achat) und anschließender Trocknung bei 105°C wurden Gesamtkohlenstoff und Gesamtstickstoff mit Hilfe des CHN-Analysators 1000 der Firma LECO bestimmt. Dabei wird das Bodenmaterial verbrannt, und C_t und N_t im anschließend komprimierten Gasgemisch mit Hilfe von Infrarotmesszellen bestimmt. Durch Multiplikation des C_t-Gehaltes mit dem Faktor 2 wurde der Humusgehalt (organische Substanz) berechnet (SCHEFFER & SCHACHTSCHABEL 1998). Nach LANDON (1991) wäre eine Multiplikation mit dem Faktor 1,72 angebracht, damit lägen die Werte für die organische Substanz etwas niedriger.

Pflanzenverfügbares Magnesium nach SCHACHTSCHABEL

Das pflanzenverfügbare Magnesium wurde durch Extraktion mit 0,025 N $CaCl_2$ bestimmt (VDLUFA 1991). 5 g lufttrockener Feinboden wurde mit der Extraktionslösung versetzt, zwei Stunden maschinell geschüttelt, filtriert und am Atomabsorptions-Spektrometer gemessen.

Totalaufschluss

Zur Bestimmung der Gesamtgehalte der Elemente Ca, Na, K, Mg, Fe, Al, Mn und Cu wurde das bei 105°C getrocknete, in der Achatkugelmühle homogenisierte Bodenmaterial (Einwaage 200 mg) mit einem Säuregemisch aus HF, HNO_3 und $HClO_4$ in der Picotrace-Druckaufschlussapparatur versetzt und die Elemente somit extrahiert. Die Kationen Ca, Na und K wurden flammenphotometrisch am ELEX 6361 der Firma eppendorf gemessen, die übrigen Elemente wurden am Atomabsorptions-Spektrometer (Flammen-AAS) bestimmt.

5.4 Statistische Auswertung

Im Vorfeld der Untersuchungen wurde darauf geachtet, eine genügend große Anzahl an Stichproben zu erheben, um im Anschluss eine statistische Auswertung gewährleisten zu können.

Zur Charakterisierung der empirischen Verteilungen wurden die gängigen Maße der Zentraltendenz (Modalwert, Median und arithmetisches Mittel) und die Streuungsmaße wie Spannweite, Varianz und Standardabweichung berechnet. Um die Stärke des Zusammenhangs zwischen zwei Variablen zu beschreiben, wurde das Bestimmtheitsmaß (r^2) gewählt. Dabei wurde die lineare Einfachkorrelation nach PEARSON als Produktmoment-Korrelation hinzugezogen. In den grafischen Darstellungen wurde zusätzlich eine lineare Trendlinie zur besseren Veranschaulichung eingefügt. Zur statistischen

Beschreibung wurden ferner das Minimum und Maximum hinzugezogen, sowie eine klassifizierte Häufigkeitsverteilung und ihre Schiefe.

Mit Hilfe des t-Tests wurde überprüft, ob die Unterschiede der Mittelwerte der einzelnen Parameter zwischen zwei Flächen signifikant sind oder als zufällig bezeichnet werden müssen. Die sich anschließende Varianzanalyse lässt Aussagen zu, mit welcher Wahrscheinlichkeit sich die Unterschiede auf die Dauer der landwirtschaftlichen Nutzung zurückführen lassen.

Zur weiteren Beschreibung der statistischen Methoden sei auf BAHRENBERG et al. 1990 und 1992 verwiesen.

6. Ergebnisse und ihre Bewertung

Um die im Untersuchungsgebiet ermittelten Ergebnisse der Bodenanalytik bewerten zu können, werden verschiedene Richtwerte, Klassifizierungen und Bewertungsmaßstäbe für die einzelnen bodenphysikalischen und -chemischen Parameter im folgenden zusammengestellt (Tabellen 4-9: AG BODENKUNDE 1994, LANDON 1991, PAGEL 1982, SCHLICHTING et al. 1995). Dabei muss berücksichtigt werden, dass die Grenzwerte als Orientierung dienen und ausschließlich Tendenzen aufweisen. Es wäre durchaus wünschenswert, wenn man regionale bzw. lokale Bewertungskriterien hinzuziehen könnte, die jedoch in nur sehr seltenen Fällen aufgestellt werden. So fehlen solche *‚local calibrations'* z.B. auch in der ansonsten durchaus umfangreichen Methodiksammlung von COCHRANE & BARBER (1993) aus Bolivien. Einige Richtwerte für die Region nennt GUAMAN (1999) in seiner Arbeit (Tabelle 10).

	Ld [g/cm³]	LK [Vol.-%]	nFKWe [mm]	DWI FW/dm²	Aggregat-stabilität [Klasse]	Physiologische Gründigkeit [cm]	Bewertung
sehr gering/schwach	< 0,8	< 2	< 60	1-2	6	< 15	sehr flach
gering/schwach	0,8-1,25	2-4	60-140	3-5	5	15-30	flach
mittel	1,25-1,5	4-12	140-220	6-10	4	30-70	mittel
hoch/stark	1,5-1,75	12-20	220-300	11-20	3	70-120	tief
sehr hoch/stark	> 1,75	>20	> 300	21-50	2	120-200	sehr tief
extrem stark				> 50	1	> 200	

Tab. 4: Richtwerte für die bodenphysikalischen Parameter (AG BODENKUNDE 1994, SCHLICHTING et al. 1995)

	Humusgehalt [%]			N_t [%]		
	Sandböden	Lehmböden	Tonböden	Sandböden	Lehmböden	Tonböden
sehr gering	< 0,5	< 1,0	< 1,5	< 0,025	< 0,050	< 0,075
gering	0,5-1,0	1,0-1,5	1,5-2,0	0,025-0,050	0,050-0,075	0,075-0,100
mäßig	1,0-1,5	1,5-3,0	2,0-4,0	0,050-0,075	0,075-0,150	0,100-0,200
hoch	1,5-3,0	3,0-5,0	4,0-8,0	0,075-0,150	0,150-0,250	0,200-0,400
sehr hoch	> 3,0	> 5,0	> 8,0	> 0,15	> 0,25	> 0,40

Tab. 5: Kennzeichnung der Böden nach ihrem Humus- und N_t-Gehalt (PAGEL 1982)

	P [ppm]	K [ppm]	Ca [ppm]	Mg [ppm]	Ca/Mg	Mg/K
gering	< 5	< 80	< 800	< 60	< 3	< 0,5
mittel	5-15	80-230	800-2000	60 – 500	3-5	
hoch	> 15	> 230	> 2000	> 500	>5	

Tab. 6: Richtwerte für pflanzenverfügbare Nährstoffe und das Verhältnis der austauschbaren Kationen nach LANDON 1991

	$KAK_{eff.}$	Ca	Mg [$cmol_c$/kg Boden]	K	Na
sehr gering	< 5	< 2,0	< 0,5	< 0,10	< 0,05
gering	5-15	2,1-5,0	0,5-1,5	0,11-0,20	0,05-0,20
mittel	15-25	5,1-10,0	1,6-4,0	0,21-0,50	0,21-0,70
hoch	25-40	10,1-20,0	4,1-8,0	0,51-1,20	0,71-2,00
sehr hoch	> 40	> 20,0	> 8,0	> 1,20	> 2,01

Tab. 7: Richtwerte für die Beurteilung der $KAK_{eff.}$ nach LANDON 1991

	$KAK_{pot.}$ [$cmol_c$/kg Boden]	Ca	Mg	K [%]	Na
sehr niedrig	< 3	< 5	< 2	< 0,5	< 0,1
niedrig	3-10	5-20	2-10	0,5-1,0	0,1-2
mittel	10-25	20-60	10-25	1,0-2,5	2-10
hoch	25-50	60-90	25-40	2,5-10	10-25
sehr hoch	> 50	> 90	> 40	> 10	> 25

Tab. 8: Richtwerte für die Beurteilung der potentiellen Austauschkapazität und der Sättigungsgrade der einzelnen Kationen an der KAK (PAGEL 1982)

Stufe	sehr gering	gering	mittel	hoch	sehr hoch
Ld [g/cm³]	< 0,8	0,8-1,25	1,25-1,50	1,50-1,75	> 1,75

Tab. 9: Klassifizierung der Lagerungsdichten von Mineralböden (SCHLICHTING, BLUME und STAHR (1995))

	sehr niedrig	niedrig	mäßig	angemessen	hoch	sehr hoch
Gesamtstickstoff (Kjeldahl) %	<0,05	0,05-0,10	0,10-0,15	-	0,15-0,25	>0,25
P-Olsen [ppm]	<3,0	3,0-7,0	-	7,0-15,0	15,0-25,0	>25,0
KAK [meq/100]	<6,0	6,0-12,0	12,0-25,0	-	25,0-40,0	>40,0
austauschbare Basen [meq/100]	<3,0	3,0-7,0	7,0-15,0	-	15,0-25,0	>25,0
Basensättigung [%]	<20,0	21-40	41-60	-	61-80	>81
Ca [meq/100]	<2,0	2,0-5,0	5,0-10,0	-	10,0-20,0	>20,0
Mg [meq/100]	<0,5	0,5-1,5	1,5-4,0	-	4,0-8,0	>8,0
K [meq/100]	<0,1	0,1-0,2	0,2-0,4	0,4-0,7	0,7-1,2	>1,2
Na [meq/100]	<0,1	0,1-0,3	0,3-0,7	-	0,7-2,0	>2,0

Tab. 10: Ausgewählte Richtwerte für die Region Santa Cruz (GUAMAN 1999)

Weitere Bewertungskriterien für chemische Bodeneigenschaften für den südamerikanischen Raum finden sich bei SANCHEZ & COCHRANE (1980).

6.1 Die Bodenprofile unterschiedlichen Alters

Die untersuchten Böden des Untersuchungsraumes wurden mit Hilfe der US Soil Taxonomy des U.S. DEPARTMENT OF AGRICULTURE (o.J.) und der SOIL SURVEY STAFF (ebenfalls USDA) (1998) eingeordnet. In Südamerika hat sich mittlerweile die US Soil Taxonomy durchgesetzt, dennoch wurden zu Vergleichszwecken die Böden ebenfalls nach der FAO-UNESCO (1990) klassifiziert.

Alle Böden weisen einen *argillic*-Horizont auf, also einen tonangereicherten Unterbodenhorizont, und sind somit den **Alfisolen** (Ordnung, order) zuzuordnen (von Ped**alf**er [amer.] = entkalkter Boden). Bedingt durch die klimatischen Bedingungen im Untersuchungsgebiet weisen die Böden ein ustisches Bodenfeuchteregime auf (*ustic moisture regime*) und gehören damit der Unterordnung (suborder) **Ustalf** an. Eine weitere Untergliederung führt zur great group **Haplustalf** und zur subgroup **Typic Haplustalf.** Ein durchgehend hoher Sandanteil ist zwar vorhanden, reicht aber nicht aus, um die Böden als Psammentic Haplustalfs zu klassifizieren.

Nach dem Bodenklassifizierungssystem der FAO liegen entsprechend **Haplic Luvisols** vor. Charakteristische Merkmale sind ein tonangereicherter B-Horizont mit einer Kationenaustauschkapazität von mehr als 24 $cmol_c$/kg Ton und einer Basensättigung von mehr als 50 %. Da alle untersuchten Böden eine höhere KAK als 24 $cmol_c$/kg Ton aufweisen, grenzen sie sich nach der FAO-Systematik eindeutig von den Haplic Lixisols ab.

Eine weitere Einteilung in die fünfte (family) und sechste (series) Kategorie der US Soil Taxonomy ist schwierig, da die dafür notwendigen Daten einer Tonmineralanalytik fehlen.

Die Übereinstimmung der Bodentypen ist Voraussetzung für eine gute Vergleichbarkeit der Böden mit unterschiedlicher Dauer landwirtschaftlicher Nutzung.

Nach BARBER & NAVARRO (1994a) kommen in der Zone südlich von Santa Cruz überwiegend Inceptisole und Alfisole vor, somit sind die in dieser Arbeit untersuchten Böden charakteristische Böden der Region.

6.1.1 Waldboden als Referenzfläche

Foto 5: Bodenprofil der Referenzfläche Wald

Der Boden der Referenzfläche Wald ist nach der US-Soil-Taxonomy als Typic Haplustalfs und nach der FAO als Haplic Luvisol zu klassifizieren. Die wichtigsten bodenphysikalischen und -chemischen Parameter mit der Profilbeschreibung sind der Tabelle 11 zu entnehmen. Da die Waldfläche seit der Ansiedlung der Mennoniten im Jahre 1969 ohne Bewirtschaftung ist, kann ein anthropogener Einfluss ausgeschlossen werden und die pedologischen Verhältnisse als natürlicher Zustand betrachtet werden.

Zur Zeit des Geländeaufenthaltes am Ende der Trockenzeit wird deutlich, dass ein Großteil der Vegetation laubabwerfend ist (vgl. auch Kap. 2.4). Vereinzelnd stehen noch grüne Buschsträucher, ansonsten zeichnet sich der Wald durch eine trockene Strauchvegetation mit Bäumen von bis zu 20 m Höhe und einem Brusthöhendurchmesser bis 90 cm aus. Lianen gehören zum typischen Erscheinungsbild, ebenso wie undurchdringbare Bodenvegetation.

Foto 6: Die Waldfläche ohne Bodenprofil

Der stark sandige bis sandig-tonige Lehm weist in allen Horizonten einen konstanten Schluff-Gehalt (16,7 %) auf, bei gleichzeitiger Tonanreicherung im B_t-Horizont (Anstieg von 17,1 % Ton im A_h-Horizont auf 29,7 % im B_t).
Die Horizontierung erfolgt in erster Linie auf Grund von Farbe und Textur, da keine scharfen Übergänge zu erkennen sind. Über den mineralischen Horizonten liegt ein 3-4 cm mächtiger L-Horizont, der aus wenig zersetzter Pflanzensubstanz besteht (Litterstreu und Holzrückstände), und einem O_f-Horizont von 0,5 bis 1 cm Mächtigkeit, der deutlich stärker zersetzt ist.
Die Lagerungsdichte ist mit 1,23 g/cm³ im A_h-Horizont nach SCHLICHTING, BLUME & STAHR (1995) als gering einzustufen. Die darunter liegenden Horizonte weisen eine hohe Lagerungsdichte auf (1,51 bzw. 1,71 g/cm³), was für Mineralböden ohne störende Einflüsse überdurchschnittlich hoch ist.

Die Messungen des Scherwiderstandes und des Eindringwiderstandes im Gelände unterstreichen diese Dichteverhältnisse. Bereits ab einer Tiefe von 10 cm liegt der Scherwiderstand über 10 kg/cm² und der Eindringwiderstand über 5 kg/cm².

Im Oberboden ist ein Krümel- bis Einzelkorngefüge ausgeprägt, welches dann im Unterboden in ein Kohärentgefüge übergeht, das sich durch eine zusammenhaftende, nicht gegliederte Bodenmasse auszeichnet. Dabei ist die Aggregatstabilität im A_h-Horizont als stark zu bewerten: im E-Horizont liegt ein sehr geringer Zerfallsgrad vor und ab 65 cm Tiefe weist der Boden eine mittlere Verschlämmungsneigung auf.

Der stark humose Oberbodenhorizont (A_h) hat eine Leitfähigkeit von 262,4 µm/cm und ist mit pH 6,71 sehr schwach sauer (pH-H_2O).

Die Kationenaustauschkapazität charakterisiert die Menge der austauschbar gebundenen Kationen im Boden. Unter Wald ist sie für den A_h-Horizont nach LANDON (1991) mit 19,7 $cmol_c$/kg als mittel zu beurteilen. Mit zunehmender Tiefe nimmt die $KAK_{eff.}$ ab. Einen hohen Anteil an der KAK nehmen Calcium und Kalium ein, Magnesium weist einen mittleren Gehalt auf. Natrium ist fast gar nicht austauschbar gebunden und auch Aluminium ist auf Grund des hohen pH-Wertes nicht austauschbar vorhanden. Die Basensättigung ist mit Werten konstant über 94 % als hoch zu bezeichnen.

Die Abbildung 8 gibt einen Überblick über die Korn- und Porengrößenverteilung nach RENGER (1971) der Waldfläche. Mit 51,0 % Gesamtporenvolumen (Laborwert) im A_h-Horizont und einer Luftkapazität von 27,4 % ist der Oberboden sehr gut durchlüftet. Nach RENGER (1971) lässt sich sogar ein Gesamtporenvolumen von 57,6 % berechnen, wobei die Übertragbarkeit der Berechnung von mitteleuropäischen Verhältnissen auf die Tropen bis heute umstritten und noch nicht wissenschaftlich belegt ist (vgl. Kap. 6.3.4). Im Unterboden verringert sich das GPV auf 35,8 %, wobei eine Verschiebung von dem Anteil der weiten Grobporen zu den Feinporen zu erkennen ist (B_t-Horizont mit 24,1 % FP und 6,7 % wGP).

Nach AG BODEN (1994) ergibt sich eine nutzbare Feldkapazität des effektiven Wurzelraumes von 138,4 mm, die als gering bis mittel klassifiziert werden kann. Bedingt durch die große Durchwurzelungstiefe von 90 cm ist die nutzbare Feldkapazität (gesamt) nur unwesentlich höher (147,1 mm).

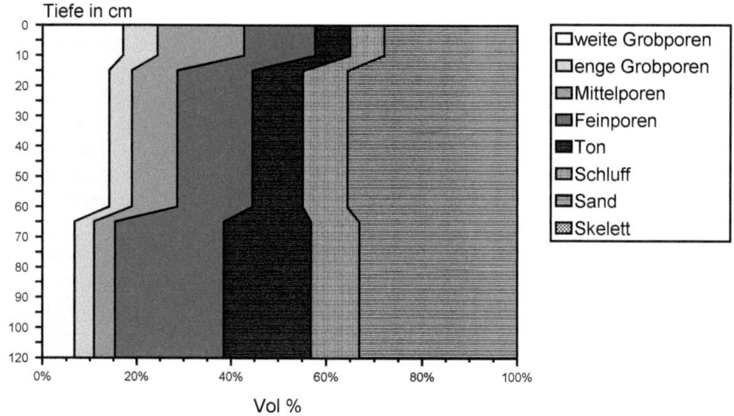

Abb. 8: Korn- und Porengrößenverteilung nach RENGER (1971) [Waldfläche]

Sowohl in den Abbildungen mit den Korn- und Porengrößenverteilung als auch in den Tabellen der Profilbeschreibung sind die Porengrößenverhältnisse mit den nach RENGER berechneten Datensätzen angegeben. Damit lassen sich alle sechs Leitprofile miteinander vergleichen. Die im Feld und Labor gemessenen Werte sind der Tabelle 21 zu entnehmen.

Lage: 63°02,34'W/18°14,46'S
Höhe üNN/ Neigung: 390 m/ 0°
Bodentyp: Typic Haplustalf (FAO: Haplic Luvisol)
Vegetation/ Landnutzung: Wald, ohne Nutzung
Geologische Situation: Alluvialsedimente (Quartär)
Hydrologie: grundwasserfern
Durchwurzelbarkeit/ Physiologische Gründigkeit: wp 4 (tief)

Bodenphysikalische Parameter

Tiefe [cm]	Horizont	Bodenart	Farbe Trocken	Farbe feucht	Ld [g/cm³]	Skelett [Gew.-%]	gS	mS	fS	gU	mU	fU	T	Sand [Gew.-%]	Schluff	Ton
0-13	A_h	Ls4	10YR4/2	7,5YR5/3	1,23	0	2,2	29,2	34,8	10,3	4,5	1,9	17,1	66,2	16,7	17,1
13-65	E	Ls4	10YR5/3	7,5YR5/3	1,51	0	1,7	27,0	35,6	10,9	4,7	1,1	19,0	64,3	16,7	19,0
65+	B_t	Lts	10YR5/4	7,5YR5/4	1,71	0	1,0	21,4	31,4	8,3	4,6	3,6	29,7	53,8	16,5	29,7

Bodenphysikalische Parameter

Tiefe [cm]	Horizont	DWI FW/dm²	AgSt	Scherw. [kg/cm²]	Eindr. [kg/cm²]	Gefügeform	FP [Vol.-%]	MP	eGP	wGP	GPV	PWP [mm]	nFKWe	nFK	LK [Vol.-%]	SV
0-13	A_h	W5	AS2	2	2,3	Kr./Einz.	14,8	18,5	7,3	17,1	57,6	14,8	138,4	38,7	17,1	42,4
13-65	E	W4	AS6	>10	>5	koh.	16,0	9,7	4,8	14,1	44,6	16,0		77,9	14,1	55,4
65+	B_t	W3	AS3	>10	>5	koh.	23,1	4,5	4,2	6,7	38,5	23,1		30,5	6,7	61,5

Bodenchemische Parameter

Tiefe [cm]	Horizont	pH KCl	pH H_2O	Leitf. [µS/cm]	C_t [%]	N_t [%]	C/N	Humus [%]	$CaCO_3$ [%]	$CaCl_2$-Lösl. Mg [mg/kg Boden]	AL-lösl. Ca	AL-lösl. Na	AL-lösl. K	P	P_2O_5
0-13	A_h	6,14	6,71	262,4	2,16	0,26	8,2	4,32	0	191,6	2342,2	3,2	382,0	59,5	137,4
13-65	E	6,1	7,13	73,1	0,58	0,10	5,7	1,16	0	207,3	1014,8	3,2	225,7	44,5	102,7
65+	B_t	4,13	5,78	34,5	0,24	0,07	3,4	0,48	0	278,3	1076,2	7,6	292,6	78,4	181,0

Bodenchemische Parameter

Tiefe [cm]	Austauschbare Nährstoffe [$cmol_c$/kg Boden] Ca	Mg	K	Na	Al	H	$AK_{eff.}$	BS [%]	Totalgehalte [mg/kg Boden] Ca	Na	K	Mg	Al	Mn	Cu	Fe
0-13	16,0	2,4	0,8	0,0	0,0	0,5	19,7	97,4	757,2	1665,8	15598,2	2291,8	25643,6	297,8	15,1	11428,6
13-65	7,0	2,2	0,5	0,0	0,0	0,6	10,3	94,0	296,7	1681,5	14836,8	2007,9	34915,9	286,8	14,8	10108,8
65+	7,5	4,4	0,6	0,0	0,0	0,6	13,2	95,1	398,4	1593,6	17480,1	3212,2	46314,7	278,9	14,9	16304,8

Tab. 11: Profilbeschreibung und wichtige bodenphysikalische und -chemische Parameter M5 Wald, ohne Nutzung

6.1.2 Gerodete Fläche in der neugegründeten Kolonie

Die untersuchte Fläche in der neugegründeten Kolonie „El Dorado“ wurde 1997 gerodet und 1998 zum ersten Mal mit Sorghum bestellt. Somit zeichnet sich die Fläche durch nur wenige Erntereste aus, bei gleichzeitig vor allem im A_p-Horizont hoher Anzahl an alten Vegetationsrückständen und starken, noch nicht zersetzten Wurzeln.

Foto 7: Bodenprofil der frisch gerodeten Fläche nach einem Jahr Sorghum-Anbau

Mit einem deutlich höheren Tonanteil im Vergleich zu den Böden in Riva Palacios treten in El Dorado sandig-tonige Lehme bis lehmige Tone auf. Die Abgrenzung der Horizonte erfolgt auch hier anhand der Bodenart. Im B_t-Horizont liegt eine deutliche Tonanreicherung mit annähernd doppeltem Tongehalt vor (Anstieg von 30,9 % im A_h auf 57,8 % im B_t). Dieser sprunghafte Anstieg ist deutlich in der Korn- und Porengrößenverteilung nach RENGER zu erkennen (Abbildung 9). Der mit der Tonanreicherung einhergehende Anstieg der Feinporen wird ebenfalls deutlich sichtbar.

Trotz der relativ hohen Durchwurzelungstiefe liegt eine nutzbare Feldkapazität des effektiven Wurzelraumes von nur 63,3 mm vor, was gering bis sehr gering ist. Ursache dafür ist der verminderte Anteil an Mittel- und engen Grobporen.

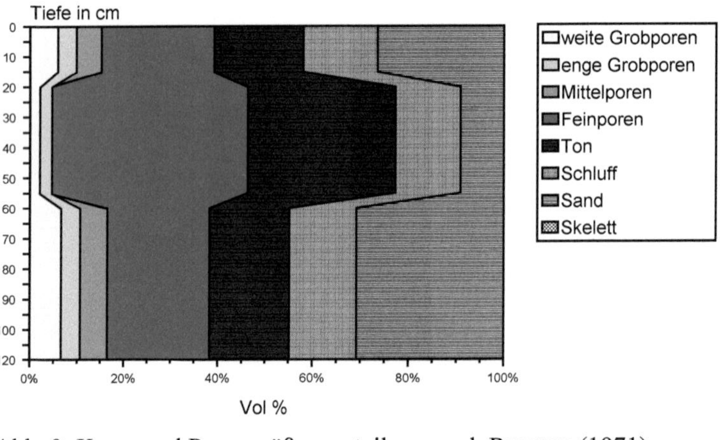

Abb. 9: Korn- und Porengrößenverteilung nach RENGER (1971)
[1 Jahr Nutzung]

Lage: 63°00,89'W/ 18°21,66'S
Höhe üNN/ Neigung: 380 m/ 0°
Bodentyp: Typic Haplustalf (FAO: Haplic Luvisol)
Vegetation/ Landnutzung: Ackerland seit einem Jahr, Sorghum
Geologische Situation: Alluvialsedimente (Quartär)
Hydrologie: grundwasserfern
Durchwurzelbarkeit/ Physiologische Gründigkeit: wp 4 (tief)

Bodenphysikalische Parameter																
Tiefe [cm]	Horizont	Bodenart	Farbe Trocken	Farbe feucht	Ld [g/cm³]	Skelett	gS	mS	fS [Gew.-%]	gU	mU	fU	T	Sand	Schluff [Gew.-%]	Ton
0-20	A_{pl}	Lts	7,5YR5/4	7,5YR5/3	1,49	0	0,4	14,2	28,9	12,8	6,1	6,7	30,9	43,5	25,6	30,9
20-60	B_t	Tl	7,5YR4/4	7,5YR4/3	1,60	0	0,2	5,2	11,6	4,5	9,2	11,6	57,8	16,9	25,3	57,8
60+	B_v	Lts	7,5YR5/6	7,5YR4/4	1,61	0	0,3	15,2	34,4	14,3	7,0	1,4	27,5	49,9	22,6	27,5

Bodenphysikalische Parameter																
Tiefe [cm]	Horizont	DWI FW/dm²	AgSt	Scherw. [kg/cm²]	Eindr. [kg/cm²]	Gefügeform	FP	MP	eGP [Vol.-%]	wGP	GPV	PWP	nFKWe [mm]	nFK	LK	SV [Vol.-%]
0-20	A_{pl}	W4	AS2	4,5	2,5	Brö.	24,2	5,3	3,9	5,9	39,3	24,2	63,3	38,7	5,9	60,7
20-60	B_t	W3	AS2	>10	>5	koh.	42,2	-,6	2,6	2,1	46,3	42,2		77,9	2,1	53,7
60+	B_v	W3	AS6	>10	>5	koh.	21,8	5,7	4,2	6,6	38,3	21,8		30,5	6,6	61,7

Bodenchemische Parameter															
										$CaCl_2$-Lösl.	AL-lösl.				
Tiefe [cm]	Horizont	pH KCl	pH H_2O	Leitf. [µS/cm]	C_t [%]	N_t [%]	C/N	Humus [%]	$CaCO_3$ [%]	Mg	Ca	Na [mg/kg Boden]	K	P	P_2O_5
0-20	A_{pl}	4,11	5,03	169,2	1,12	0,15	7,3	2,24	0	283,5	1079,7	6,2	222,5	21,2	48,9
20-60	B_t	3,89	5,01	184,6	0,79	0,15	5,5	1,58	0	416,1	2392,7	35,0	231,8	11,0	25,3
60+	B_v	5,9	7,3	75,2	0,29	0,06	5,2	0,58	0	235,6	1401,4	18,0	153,0	20,3	46,8

Bodenchemische Parameter																
Tiefe [cm]	Austauschbare Nährstoffe [$cmol_c$/kg Boden]							BS [%]	Totalgehalte [mg/kg Boden]							
	Ca	Mg	K	Na	Al	H	$AK_{eff.}$		Ca	Na	K	Mg	Al	Mn	Cu	Fe
0-20	6,9	3,7	0,3	0,0	0,0	0,7	11,6	94,1	251,1	1305,9	13058,8	1290,8	27724,8	246,1	10,1	8438,0
20-60	15,7	8,6	0,5	0,1	0,0	0,7	25,5	97,4	756,1	2318,6	25604,8	8064,5	107762,1	559,5	30,2	34576,6
60+	9,0	3,5	0,3	0,1	0,0	0,7	13,5	95,2	384,6	1923,1	18173,1	3211,5	48750,0	288,5	19,2	16057,7

Tab. 12: Profilbeschreibung und wichtige bodenphysikalische und -chemische Parameter M4 1 Jahr landwirtschaftliche Nutzung

Bei der Betrachtung der Totalgehalte der Nährstoffe und auch der austauschbaren Nährstoffe, wird der Anstieg bei allen einzelnen Parametern im B_t-Horizont deutlich. Das unterstreicht den statistischen Zusammenhang zwischen Tonanteil und Nährstoffkonzentrationen (vgl. Abbildung 20).

Gleichzeitig treten Unterschiede zur Waldfläche hervor, die durch die Brandrodung bedingt sind. Betrachtet man den Oberboden (0-30cm) so zeigt sich fast ausnahmslos ein Anstieg der Gehalte nach der Brandrodung (siehe Kapitel 6.3). Ein ähnlicher Verlauf ist auch im Unterboden (30-60cm) zu

verzeichnen. Bei genauer Analyse der Horizontabfolge zeigt sich, dass die Konzentrationen im A-Horizont nach Brandrodung abnehmen, sich im B_t-Horizont anreichern und dort deutlich höhere Gehalte aufweisen als im zweiten Horizont unter Wald.
Dieser Sachverhalt wird auch an der $KAK_{eff.}$ nach der Brandrodung deutlich. Der A_{pl}-Horizont weist mit 11,6 $cmol_c$/kg Boden eine geringere Austauschkapazität auf als unter Wald, im B_t-Horizont hingegen ist ein deutlicher Gehaltssprung auf 25,5 $cmol_c$/kg Boden zu verzeichnen. Dieses ist die höchste gemessene Konzentration dieser Untersuchung.
Auffällig ist die klare Phosphor-Abnahme mit der Brandrodung. Hier ist zu vermuten, dass durch eine Phosphatfixierung das Phosphor in Form von Fe-Phosphaten festgelegt ist und für die Pflanzen nicht verfügbar ist. Ein Indiz dafür ist der sprunghafte Anstieg der Eisengehalte im B_t-Horizont nach der Rodung mit annähernd 35.000 mg/kg Boden.
Im Gegensatz zu anderen Untersuchungen zu den Folgen des Brandrodungsfeldbaus sinkt der pH-Wert auf der frischgerodeten Fläche stark von 6,1 auf 4,1 (pH-KCl) ab. SANCHEZ (1976) und JORDAN (1986) weisen einen deutlichen Anstieg des pH-Wertes durch die Aschedüngung nach.

6.1.3 Boden nach fünfjähriger Nutzung

Die untersuchte Fläche wurde vor fünf Jahren mit den üblichen Rodungstechniken der Mennoniten abgeholzt (Kapitel 3.3.2) und seitdem landwirtschaftlich genutzt. Im ersten Jahr erfolgte der Anbau von Mais, danach schloss sich eine Fruchtfolge von Mais, Sorghum und Soya an (2. bis 4. Jahr). In der letzten Saison wurde wieder Sorghum angebaut. Einen Einfluss durch Haus- und Nutztiere ist auf dieser Fläche nicht gegeben, auch nicht nach der Ernte durch Futteraufnahme von Ernterückständen, da die Fläche in deutlicher Entfernung zum landwirtschaftlichen Betrieb liegt.
Im Bodenprofil sind noch in 80 cm Tiefe bis zu 5 mm große Vegetationsrückstände zu finden, die noch nicht vollständig zersetzte, alte Wurzeln darstellen. In sehr geringen Mengen sind im Oberboden noch weiße Ascherückstände vorhanden.

Foto 8: Bodenprofil nach fünfjähriger Nutzung

Der Typic Haplustalf ist gekennzeichnet von einer Tonverlagerung. Die Bodenart geht von einem starksandigen Lehm im A_p-Horizont und mitteltonigen Sand im E-Horizont über in einen starksandigen Ton im B_t. Dieser Anstieg des Tongehaltes und der damit verbundene Anstieg des Feinporenanteils wird in der Abbildung 10 deutlich. Dabei nimmt die Lagerungsdichte von 1,31 g/cm³ im A_p-Horizont auf hohe Dichten mit 1,6 g/cm³ im Unterboden zu.

Die bezüglich der Nährstoffgehalte beobachtete Konzentrationszunahme nach der Brandrodung ist nach fünfjähriger landwirtschaftlicher Nutzung wieder deutlich rückläufig. Fast ausnahmslos nehmen die Gehalte im Vergleich zur einjährigen Fläche ab und nehmen Werte an, die unter den Konzentrationen im Wald liegen. Dazu gehören alle Totalgehalte (Ca, Na, K, Mg, Al, Mn, Cu und Fe), AL-lösliches Calcium, Natrium und Kalium, $CaCl_2$-lösliches Magnesium, die Kationenaustauschkapazität sowie die einzelnen austauschbaren Kationen Magnesium und Calcium und schließlich die Leitfähigkeit. Einzige Ausnahme bildet das pflanzenverfügbare Phosphor, welches nach anfänglicher Abnahme nach der Rodung einen Konzentrationsanstieg verzeichnet.

Lage: 63°01,46'W/ 18°10,34'S
Höhe üNN/ Neigung: 380 m / 0°
Bodentyp: Typic Haplustalf (FAO: Haplic Luvisol)
Vegetation/ Landnutzung: Ackerland seit 5 Jahren, Sorghum
Geologische Situation: Alluvialsedimente (Quartär)
Hydrologie: grundwasserfern
Durchwurzelbarkeit/Physiologische Gründigkeit: wp 3 (mittel), evtl. noch Restwurzeln monte

Bodenphysikalische Parameter																
Tiefe [cm]	Horizont	Bodenart	Farbe trocken	Farbe feucht	Ld [g/cm³]	Skelett	gS	mS	fS [Gew.-%]	gU	mU	fU	T	Sand	Schluff [Gew.-%]	Ton
0-20	A_p	Ls4	10YR3/2	10YR3/2	1,31	0	2,2	36,0	27,9	7,0	4,8	4,0	18,2	66,1	15,7	18,2
20-60	E	St3	10YR5/3	10YR5/4	1,58	0	1,6	36,8	30,6	6,6	4,8	2,4	17,2	69,0	13,8	17,2
60+	B_t	Ts4	10YR5/4	10YR5/4	1,61	0	1,2	33,1	28,0	5,5	3,8	2,5	25,8	62,3	11,8	25,8

Bodenphysikalische Parameter																
Tiefe [cm]	Horizont	DWI FW/dm²	AgSt	Scherw. [kg/cm²]	Eindr. [kg/cm²]	Gefügeform	FP	MP	eGP [Vol.-%]	wGP	GPV	PWP	nFKWe [mm]	nFK	LK	SV [Vol.-%]
0-20	A_p	W4	AS5	2	3,2	EK/Kr.	15,5	9,6	4,9	14,4	44,4	15,5	90,0	32,0	14,4	55,6
20-60	E	W2	AS6	8,5	>5	koh.	14,8	9,5	5,0	14,8	44,1	14,8		57,9	14,8	55,9
60+	B_t	W1	AS6	>10	>5	koh.	20,5	4,8	4,5	7,6	37,3	20,5		37,1	7,6	62,7

Bodenchemische Parameter															
										$CaCl_2$-Lösl.	AL-lösl.				
Tiefe [cm]	Horizont	pH KCl	pH H_2O	Leitf. [µS/cm]	C_t [%]	N_t [%]	C/N	Humus [%]	$CaCO_3$ [%]	Mg	Ca	Na [mg/kg Boden]	K	P	P_2O_5
0-20	A_p	7,32	7,85	176,1	1,45	0,18	8,0	2,9	2-4	99,0	6283,2	6,5	591,1	84,9	196,1
20-60	E	6,45	7,53	58,8	0,33	0,07	4,7	0,66	0	104,5	1118,7	2,2	267,1	65,6	151,4
60+	B_t	5,26	6,78	74,3	0,41	0,09	4,7	0,82	0	166,8	1383,9	3,6	289,6	29,5	68,2

Bodenchemische Parameter																
Tiefe	Austauschbare Nährstoffe [$cmol_c$/kg Boden]							BS	Totalgehalte [mg/kg Boden]							
[cm]	Ca	Mg	K	Na	Al	H	$AK_{eff.}$	[%]	Ca	Na	K	Mg	Al	Mn	Cu	Fe
0-20	14,2	1,5	1,0	0,0	0,0	0,3	17,1	98,1	2526,9	1357,0	13898,0	2124,5	21899,9	332,2	14,0	11160,5
20-60	6,6	1,3	0,5	0,0	0,0	0,6	9,0	93,9	299,0	1395,1	13602,4	1848,5	30891,9	284,0	10,0	10289,0
60+	8,8	2,1	0,6	0,0	0,0	0,5	12,1	95,7	389,9	1315,8	14376,2	2212,5	37573,1	233,9	14,6	12694,9

Tab. 13: Profilbeschreibung und wichtige bodenphysikalische und -chemische Parameter M2 5 Jahre landwirtschaftliche Nutzung

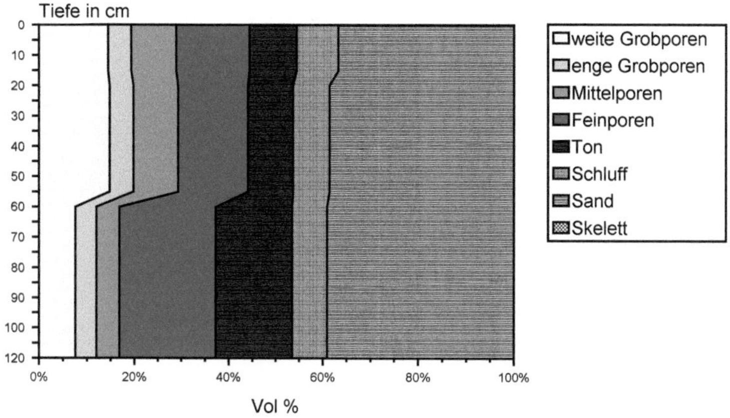

Abb. 10: Korn- und Porengrößenverteilung nach RENGER (1971) [5 Jahre Nutzung]

6.1.4 Boden nach fünfzehnjähriger Nutzung

Auf der Fläche nach fünfzehnjähriger Nutzung wurde in diesem Jahr ebenfalls Sorghum angebaut. Maisreste der vorangegangenen Ernte sind vereinzelnd noch vorzufinden. In den beiden Jahren 1996 und 1997 wurde Soja angebaut mit jeweils einer Ernte pro Jahr, 1995 konnten zwei Ernten vorgenommen werden, jeweils einmal Sorghum und Soja und im Jahre 1994 wurde auf der Fläche ebenfalls Soja angebaut.

Foto 9: Bodenprofil nach fünfzehnjähriger Nutzung

Im Bodenprofil ist ein deutlicher Übergang vom starklehmigen Sand zum starksandigen Lehm erkennbar. Dabei nimmt die Lagerungsdichte im Vergleich zu den bislang beschriebenen Profilen im Oberboden deutlich zu, ein klares Indiz für die Bodenverdichtung.

Bei der Betrachtung der bodenchemischen Parameter fällt auf, dass ein Großteil eine Konzentrationszunahme im untersten Horizont aufweist. Bei den Totalgehalten sind ohne Ausnahme alle Nährstoffe im B_t-Horizont stärker konzentriert als im A_p-Horizont. Das gleiche trifft für die Kationenaustauschkapazität zu, vor allem hervorgerufen durch die Zunahme des austauschbaren Calciums und Magnesiums.

Lage: 63°00,96'W/ 18°11,10'S
Höhe üNN/ Neigung: 375 m / 0°
Bodentyp: Typic Haplustalf (FAO: Haplic Luvisol)
Vegetation/ Landnutzung: Ackerland seit 15 Jahren, Sorghum, mit Maisresten
Geologische Situation: Alluvialsedimente (Quartär)
Hydrologie: grundwasserfern
Durchwurzelbarkeit/ Physiologische Gründigkeit: wp 4 (tief)

Bodenphysikalische Parameter																
Tiefe [cm]	Hori-zont	Boden-art	Farbe trocken	Farbe feucht	Ld [g/cm³]	Skelett [Gew.-%]	gS [Gew.-%]	mS [Gew.-%]	fS [Gew.-%]	gU [Gew.-%]	mU [Gew.-%]	fU [Gew.-%]	T [Gew.-%]	Sand [Gew.-%]	Schluff [Gew.-%]	Ton [Gew.-%]
0-25	A_p	Sl4	7,5YR5/4	7,5YR4/3	1,42	0	1,9	32,6	38,3	9,0	3,8	0,9	13,3	72,9	13,8	13,3
25-75	E	Sl4	7,5YR5/4	10YR5/3	1,60	0	1,7	31,8	36,7	10,0	4,5	0,3	15,0	70,2	14,8	15,0
75+	B_t	Ls4	7,5YR4/6	7,5YR4/6	1,52	0	1,4	28,1	32,9	10,0	4,1	1,5	21,9	62,4	15,6	21,9

Bodenphysikalische Parameter																
Tiefe [cm]	Hori-zont	DWI FW/dm²	AgSt	Scherw. [kg/cm²]	Eindr. [kg/cm²]	Gefüge-form	FP [Vol.-%]	MP [Vol.-%]	eGP [Vol.-%]	wGP [Vol.-%]	GPV [Vol.-%]	PWP [mm]	nFKWe [mm]	nFK [mm]	LK [Vol.-%]	SV [Vol.-%]
0-25	A_p	W4	AS4	2	3,0	EK/Kr.	12,2	9,8	5,3	15,7	43,0	12,2	50,9	39,0	15,7	57,0
25-75	E	W2	AS6	7,5	>5	koh.	13,4	9,8	5,2	15,2	43,5	13,4		74,6	15,2	56,5
75+	B_t	W2	AS6	>10	>5	koh.	18,0	9,2	4,7	13,6	45,4	18,0		34,7	13,6	54,6

Bodenchemische Parameter															
										CaCl₂-Lösl.	AL-lösl.				
Tiefe [cm]	Hori-zont	pH KCl	pH H_2O	Leitf. [µS/cm]	C_t [%]	N_t [%]	C/N	Humus [%]	$CaCO_3$ [%]	Mg [mg/kg Boden]	Ca [mg/kg Boden]	Na [mg/kg Boden]	K [mg/kg Boden]	P [mg/kg Boden]	P_2O_5 [mg/kg Boden]
0-25	A_p	5,47	6,35	77,0	0,6	0,09	6,7	1,2	0	88,1	813,0	1,4	125,6	24,9	57,6
25-75	E	4,83	6,16	37,6	0,31	0,06	5,2	0,62	0	107,5	663,0	2,2	87,0	17,6	40,5
75+	B_t	5,14	6,61	37,5	0,31	0,08	4,1	0,62	0	105,7	1311,9	4,2	105,9	6,1	14,0

Bodenchemische Parameter																
Tiefe	Austauschbare Nährstoffe [cmol$_c$/kg Boden]							BS	Totalgehalte [mg/kg Boden]							
[cm]	Ca	Mg	K	Na	Al	H	$AK_{eff.}$	[%]	Ca	Na	K	Mg	Al	Mn	Cu	Fe
0-25	5,1	0,9	0,3	0,0	0,0	0,6	7,0	91,9	293,7	1468,4	12628,5	930,0	14635,3	244,7	9,8	7366,6
25-75	4,2	1,2	0,2	0,0	0,0	0,6	6,2	90,7	288,5	1538,5	13653,9	1451,9	27500,0	211,5	9,6	8269,2
75+	8,4	1,4	0,2	0,0	0,0	0,6	10,6	94,6	403,2	1612,9	14516,1	1920,4	23739,9	312,5	15,1	12147,2

Tab. 14: Profilbeschreibung und wichtige bodenphysikalische und -chemische Parameter M3 15 Jahre landwirtschaftliche Nutzung

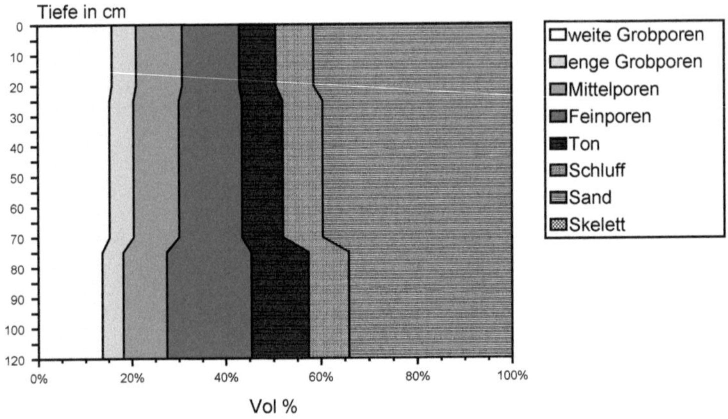

Abb. 11: Korn- und Porengrößenverteilung nach RENGER (1971) [15 Jahre Nutzung]

6.1.5 Boden nach 25-jähriger Nutzung

Im Gegensatz zu den anderen Bodenprofilen konnten vor allem auf Grund der wechselnden Bodenfarbe und Lagerungsdichte, sowie sich ändernder Bodenart fünf Horizonte bestimmt werden. Es waren nur noch wenige Reste von der im Mai 1998 stattgefundenen Ernte vorhanden, eine erste Krautbildung setzte ein. Die letzten fünf Jahre ist die Fläche ausschließlich mit Sorghum bestellt worden. Die Lagerungsdichte und der Scher- sowie der Eindringwiderstand als auch der erhöhte Widerstand bei der Probennahme im Gelände weisen einen deutlichen Verdichtungshorizont von 21 bis 40 cm Tiefe aus. Dies wird auch in der Porengrößenverteilung deutlich, bei der in 40 bis 75 cm Tiefe ein klarer Anstieg des Gesamtporenvolumens zu verzeichnen ist. Ab 75 cm Tiefe sind wieder Anzeichen des natürlich bedingten *hardsettings* erkennbar (vgl. Kap. 6.3.3).

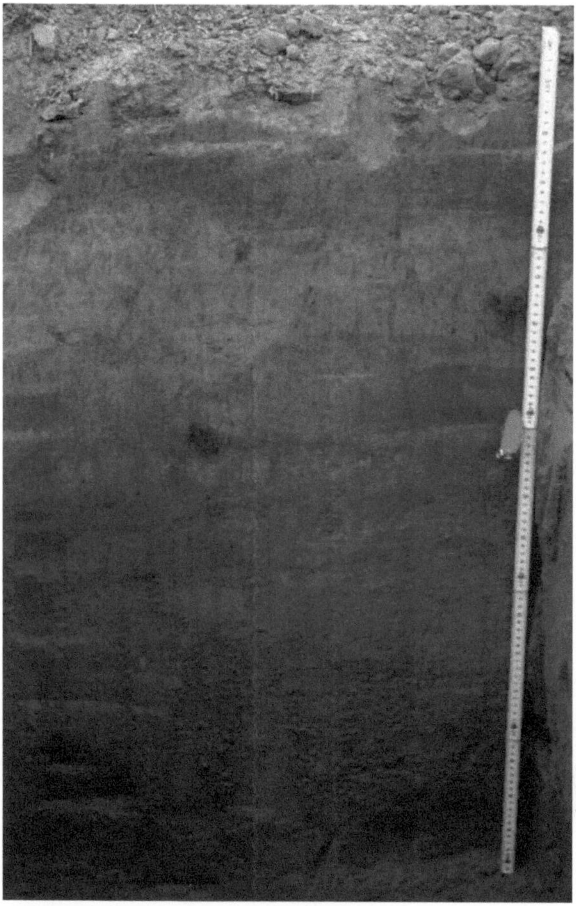

Foto 10: Bodenprofil nach 25-jähriger Nutzung

Lage: 63°02,34'W/ 18°09,94'S
Höhe üNN/ Neigung: 385 m / 0°
Bodentyp: Typic Haplustalf (FAO: Haplic Luvisol)
Vegetation/ Landnutzung: Ackerland seit 25 Jahren, seit fünf Jahren Sorghum, Ernte Mai '98
Geologische Situation: Alluvialsedimente (Quartär)
Hydrologie: grundwasserfern
Durchwurzelbarkeit/ Physiologische Gründigkeit: wp 1 (sehr flach)

Bodenphysikalische Parameter

Tiefe [cm]	Horizont	Bodenart	Farbe Trocken	Farbe feucht	Ld [g/cm³]	Skelett	gS	mS	fS	gU	mU	fU	T	Sand	Schluff	Ton
						[Gew.-%]								[Gew.-%]		
0-10	A_{p1}	Sl4	10YR5/3	10YR5/4	1,48	0	1,2	36,7	34,7	7,0	4,1	2,8	13,6	72,5	13,9	13,6
10-21	A_{p2}	Sl4	10YR4/4	10YR3/6	1,69	0	1,2	37,8	35,9	7,0	3,3	2,2	12,7	74,9	12,4	12,7
21-40	E_1	St2	7,5YR5/4	5YR4/6	1,78	0	1,0	38,4	38,3	6,4	2,2	1,1	12,6	77,7	9,7	12,6
40-75	E_2	St2	7,5YR5/4	5YR5/4	1,59	0	1,1	38,9	39,1	5,4	2,5	1,1	11,9	79,1	9,0	11,9
75+	B_t	St3	7,5YR4/6	5YR4/4	1,66	0	0,8	32,4	32,7	6,2	2,2	1,4	24,3	65,9	9,8	24,3

Bodenphysikalische Parameter

Tiefe [cm]	Horizont	DWI FW/dm²	AgSt	Scherw. [kg/cm²]	Eindr. [kg/cm²]	Gefügeform	FP	MP	eGP	wGP	GPV	PWP	nFKWe	nFK	LK	SV
							[Vol.-%]						[mm]		[Vol.-%]	
0-10	A_{p1}	W3	AS4	<0,5	<0,5	Br./Kr.	12,4	9,8	5,3	15,6	43,1	12,4	22,0	15,6	15,6	56,9
10-21	A_{p2}	W1	AS5	4	>5	koh.	11,8	7,7	5,1	9,4	33,9	11,8		14,6	9,4	66,1
21-40	E_1	W0	AS6	>10	>5	koh.	11,6	7,4	5,2	9,6	33,8	11,6		23,9	9,6	66,2
40-75	E_2	W0	AS6	5	2,8	koh.	11,2	9,4	5,5	16,5	42,5	11,2		52,1	16,5	57,5
75+	B_t	W0	AS5	4	1,7	koh.	19,4	4,9	4,6	7,9	36,8	19,4		23,7	7,9	63,2

Bodenchemische Parameter

Tiefe [cm]	Horizont	pH KCl	pH H_2O	Leitf. [µS/cm]	C_t [%]	N_t [%]	C/N	Humus [%]	$CaCO_3$ [%]	$CaCl_2$-Lösl. Mg	AL-lösl. Ca	AL-lösl. Na	AL-lösl. K	P	P_2O_5
										[mg/kg Boden]					
0-10	A_{p1}	5,98	6,63	269,3	0,7	0,11	6,6	1,4	0	91,2	860,1	2,4	637,5	35,3	81,5
10-21	A_{p2}	5,25	6,17	83,9	0,69	0,11	6,2	1,38	0	85,5	937,2	1,8	175,9	31,4	72,5
21-40	E_1	6,15	7,12	36,8	0,27	0,07	3,7	0,54	0	64,3	831,3	2,2	125,3	14,6	33,8
40-75	E_2	5,49	6,73	31,9	0,19	0,05	3,6	0,38	0	59,5	702,9	1,8	127,7	16,7	38,6
75+	B_t	5,5	6,92	44,3	0,27	0,07	3,9	0,54	0	190,2	1138,3	4,0	179,1	6,9	15,9

Bodenchemische Parameter

Tiefe [cm]	Austauschbare Nährstoffe [$cmol_c$/kg Boden] Ca	Mg	K	Na	Al	H	$AK_{eff.}$	BS [%]	Totalgehalte [mg/kg Boden] Ca	Na	K	Mg	Al	Mn	Cu	Fe
0-10	5,4	1,0	1,5	0,0	0,0	0,6	8,5	93,5	289,7	1303,7	12650,9	1038,2	20183,5	289,7	14,5	7387,7
10-21	5,8	0,9	0,4	0,0	0,0	0,6	7,7	92,9	303,8	1265,8	12405,1	3032,9	50784,8	303,8	10,1	8050,6
21-40	4,9	0,7	0,3	0,0	0,0	0,6	6,5	90,5	382,8	1913,9	17751,2	1153,1	14306,2	454,6	19,1	31196,2
40-75	4,1	0,6	0,3	0,0	0,0	0,7	5,6	87,6	193,0	1109,5	11432,7	873,1	16353,1	144,7	9,7	6874,1
75+	7,0	2,2	0,3	0,0	0,0	0,6	10,1	94,0	301,2	1255,0	14257,0	2143,6	33082,3	235,9	15,1	11696,8

Tab. 15: Profilbeschreibung und wichtige bodenphysikalische und -chemische Parameter M1 25 Jahre landwirtschaftliche Nutzung

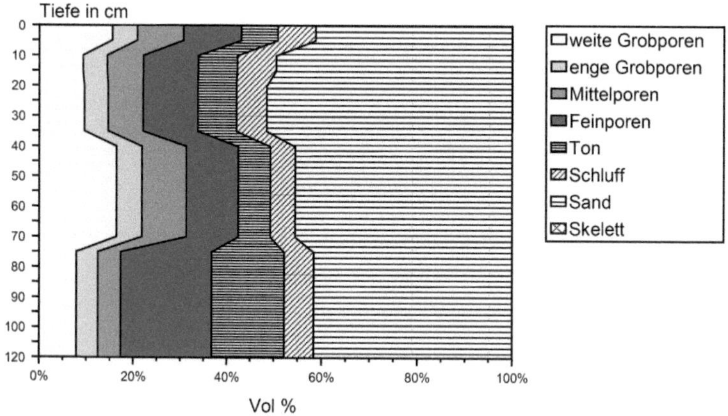

Abb. 12: Korn- und Porengrößenverteilung nach RENGER (1971) [25 Jahre Nutzung]

6.1.6 Boden nach 29-jähriger Nutzung

Die beprobte Fläche ist eine der ersten Flächen, die unmittelbar nach der Kolonisationsgründung von Riva Palacios gerodet wurde. Seit 29 Jahren wird sie ohne jegliche Unterbrechung, ohne Brache bewirtschaftet. 1998 wurde Sorghum angebaut, das Jahr davor ebenfalls, 1996 wurde die Fläche mit Soja bestellt und 1995 und 1994 gab es jeweils zwei Ernten: im Winter Sorghum und im Sommer Soja.

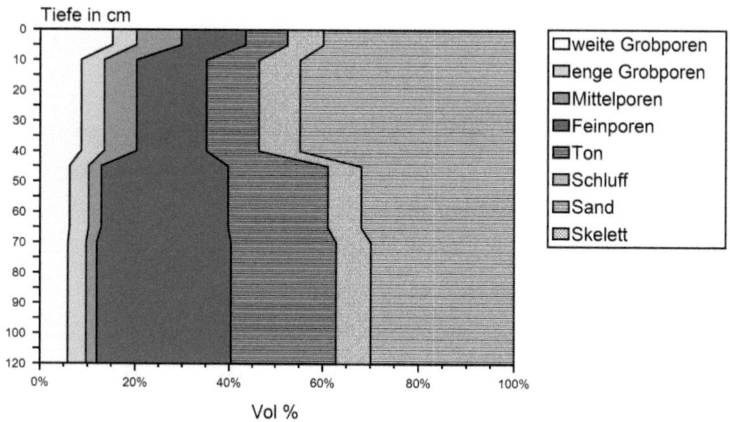

Abb. 13: Korn- und Porengrößenverteilung nach RENGER (1971) [29 Jahre Nutzung]

Foto 11: Bodenprofil nach 29-jähriger Nutzung

Wie die genauere Darstellung einzelner Parameter in Kap. 6.3 noch zeigen wird, liegen die Nährstoffgehalte der Fläche nach 29-jähriger Nutzung deutlich unter den Gehalten der Waldfläche. Es ist jedoch ein leichter Anstieg im Vergleich zur 25 Jahre alten Fläche zu verzeichnen. Diese Veränderungen sind sowohl bei den pflanzenverfügbaren Nährstoffen zu erkennen, als auch bei den Totalgehalten der einzelnen Parameter. Eine Erklärung kann darin liegen, dass die Fläche nach 29-jähriger Nutzung häufiger vom Vieh frequentiert worden ist, als diejenige nach 25-jähriger Nutzung. Damit ist ein erhöhter Nährstoffinput verbunden, der jedoch nicht näher quantitativ bestimmbar ist.

Lage: 63°02,48'W/ 18°09,37'S
Höhe üNN/ Neigung: 385 m / 0°
Bodentyp: Typic Haplustalf (FAO: Haplic Luvisol)
Vegetation/ Landnutzung: Ackerland seit 29 Jahren, Sorghum
Geologische Situation: Alluvialsedimente (Quartär)
Hydrologie: grundwasserfern
Durchwurzelbarkeit/ Physiologische Gründigkeit: wp 4 (tief)

Bodenphysikalische Parameter

Tiefe [cm]	Horizont	Bodenart	Farbe trocken	Farbe feucht	Ld [g/cm³]	Skelett	gS	mS	fS	gU	mU	fU	T	Sand	Schluff	Ton
						[Gew.-%]								[Gew.-%]		
0-10	A_p	Sl4	10YR4/3	10YR4/3	1,43	0	1,0	36,3	33,6	8,4	2,2	2,7	15,7	70,9	13,4	15,7
10-45	E	St3	10YR4/3	10YR4/3	1,69	0	0,8	36,6	31,7	9,0	2,5	2,0	17,4	69,1	13,4	17,4
45-70	B_{t1}	Ts3	10YR4/3	10YR3/3	1,73	0	0,5	27,0	25,5	5,1	4,2	2,4	35,4	53,0	11,6	35,4
70+	B_{t2}	Ts3	10YR4/4	10YR3/4	1,77	0	0,6	25,8	23,8	6,2	3,0	2,8	37,8	50,2	12,0	37,8

Bodenphysikalische Parameter

Tiefe [cm]	Horizont	DWI FW/dm²	AgSt	Scherw. [kg/cm²]	Eindr. [kg/cm²]	Gefügeform	FP	MP	eGP	wGP	GPV	PWP	nFKWe	nFK	LK	SV
							[Vol.-%]						[mm]		[Vol.-%]	
0-10	A_p	W4	AS6	0	0	Ez/Kr/Br	13,8	9,5	5,1	15,2	43,7	13,8	74,5	15,2	15,2	56,3
10-45	E	W3	AS6	>10	>5	koh.	14,9	6,8	4,9	8,6	35,2	14,9		42,6	8,6	64,8
45-70	B_{t1}	W2	AS2	>10	>5	koh.	26,9	2,7	4,0	6,2	39,8	26,9		16,7	6,2	60,2
70+	B_{t2}	W1	AS5	>10	>5	koh.	28,5	2,2	3,9	5,9	40,4	28,5		18,2	5,9	59,6

Bodenchemische Parameter

Tiefe [cm]	Horizont	pH KCl	pH H_2O	Leitf. [µS/cm]	C_t [%]	N_t [%]	C/N	Humus [%]	$CaCO_3$ [%]	$CaCl_2$-Lösl. Mg	AL-lösl. Ca	AL-lösl. Na	AL-lösl. K	P	P_2O_5
										[mg/kg Boden]					
0-10	A_p	5,79	6,69	109,0	0,64	0,10	6,3	1,28	0	113,7	1142,5	1,8	349,2	43,0	99,3
10-45	E	5,79	6,91	71,0	0,63	0,10	6,0	1,26	0	109,4	1267,4	2,2	284,1	44,6	103,0
45-70	B_{t1}	5,84	7,36	62,0	0,42	0,09	4,7	0,84	0	257,4	1937,9	7,8	314,3	22,1	51,1
70+	B_{t2}	5,21	6,74	59,5	0,29	0,07	4,1	0,58	0	270,2	1941,2	11,9	376,1	21,9	50,7

Bodenchemische Parameter

Tiefe [cm]	Austauschbare Nährstoffe [cmol$_c$/kg Boden] Ca	Mg	K	Na	Al	H	$AK_{eff.}$	BS [%]	Totalgehalte [mg/kg Boden] Ca	Na	K	Mg	Al	Mn	Cu	Fe
0-10	7,9	1,4	0,8	0,0	0,0	0,5	10,6	94,9	344,7	1427,9	13737,1	1900,5	28803,6	280,7	14,8	9916,3
10-45	8,9	1,4	0,6	0,0	0,0	0,6	11,4	95,2	400,0	1500,0	14300,0	2000,0	28700,0	310,0	15,0	9420,0
45-70	13,6	4,6	0,5	0,0	0,0	0,6	19,3	97,1	549,7	1499,3	18140,9	4078,0	50874,6	294,9	20,0	17761,1
70+	12,9	5,0	0,6	0,0	0,0	0,7	19,3	96,5	600,6	1551,6	18518,5	4154,2	50050,1	385,4	20,0	18438,4

Tab. 16: Profilbeschreibung und wichtige bodenphysikalische und -chemische Parameter M6 29 Jahre landwirtschaftliche Nutzung

6.2 Zusammenfassende Bewertung zur Bodenqualität und zum Bodennutzungspotential

In Tabelle 17 werden die Mittelwerte und die Schwankungsbereiche der austauschbaren Nährstoffe angegeben, dabei fällt die sehr hohe Varianz innerhalb einer Untersuchungsfläche auf. Am deutlichsten werden die großen Streuungen beim Phosphor, so schwanken z.B. die Werte im Unterboden der 25 Jahre alten Fläche um Faktor 7 (vgl. Kap. 6.3.2).

		Ca	Mg	K	$Kak_{eff.}$	P-Olsen
0-30 cm	Wald	11,32 / 10,89 (9,68-13,21)	2,06 / 2,01 (1,82-2,23)	0,65 / 0,71 (0,58-0,79)	14,71 / 13,85 (12,55-15,96)	39,2 / 40,1 (27,6-44,4)
	1 Jahr	13,58 / 12,96 (8,78-17,25)	5,12 / 4,77 (4,04-6,28)	0,62 / 0,64 (0,41-0,87)	20,18 / 18,64 (13,62-24,52)	27,3 / 28,8 (10,5-46,1)
	5 Jahre	8,78 / 8,14 (6,27-10,93)	1,28 / 1,25 (1,12-1,41)	0,58 / 0,54 (0,47-0,63)	11,42 / 10,24 (8,28-13,19)	31,6 / 33,9 (23,0-40,1)
	15 Jahre	7,40 / 6,99 (4,50-9,90)	1,02 / 1,02 (0,90-1,23)	0,30 / 0,33 (0,29-0,39)	9,29 / 8,52 (6,01-11,68)	18,8 / 20,0 (9,8-29,5)
	25 Jahre	6,17 / 5,73 (3,47-9,13)	0,93 / 0,92 (0,66-1,14)	0,40 / 0,43 (0,30-0,62)	8,04 / 7,29 (4,71-10,79)	28,6 / 26,9 (22,4-38,6)
	29 Jahre	8,13 / 7,53 (6,08-10,27)	1,31 / 1,28 (1,10-1,40)	0,43 / 0,50 (0,39-0,68)	10,48 / 9,77 (8,26-12,29)	36,9 / 39,4 (22,2-47,9)
30-60 cm	Wald	5,35 / 5,16 (3,41-6,66)	1,77 / 1,78 (1,01-2,63)	0,39 / 0,39 (0,32-0,49)	8,09 / 8,01 (5,50-9,45)	36,9 / 43,7 (24,4-54,4)
	1 Jahr	15,34 / 14,16 (9,98-18,57)	6,03 / 5,97 (5,04-7,30)	0,55 / 0,54 (0,29-0,69)	22,53 / 21,02 (15,58-26,76)	14,7 / 15,9 (8,7-23,7)
	5 Jahre	5,51 / 5,50 (3,83-7,16)	1,39 / 1,40 (1,04-1,74)	0,32 / 0,29 (0,21-0,42)	7,84 / 7,54 (5,40-9,30)	17,4 / 19,2 (7,3-30,2)
	15 Jahre	4,82 / 4,58 (3,64-6,44)	1,13 / 1,13 (0,77-1,48)	0,17 / 0,17 (0,12-0,25)	6,75 / 6,06 (4,88-7,82)	7,5 / 9,1 (3,5-15,3)
	25 Jahre	4,93 / 4,74 (3,53-6,48)	0,84 / 0,84 (0,68-1,38)	0,26 / 0,26 (0,14-0,40)	6,59 / 6,10 (4,82-7,78)	18,4 / 21,0 (4,7-32,9)
	29 Jahre	8,42 / 8,33 (4,69-11,74)	1,71 / 1,82 (1,17-2,78)	0,32 / 0,48 (0,24-1,11)	11,02 / 11,22 (6,63-15,85)	31,6 / 32,6 (14,9-66,1)

Tab. 17: Mittelwerte und Schwankungsbereiche der austauschbaren Nährstoffe ($cmol_c$/kg Boden) und Phosphor-Gehalte [ppm] [Mittelwert der neun Mischproben / Gehalt der „gemischten“ Mischproben]

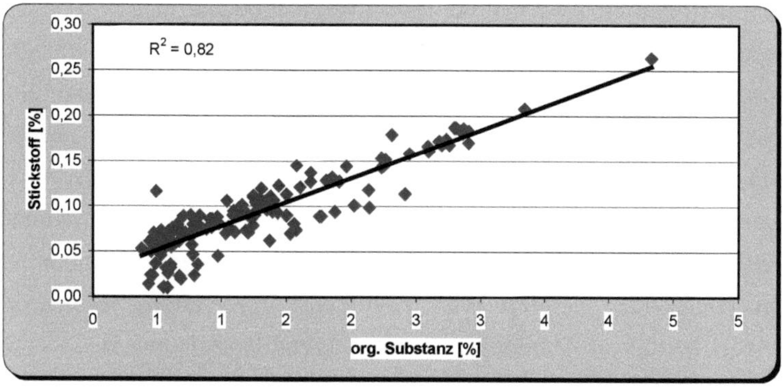

Abb. 14: Korrelation zwischen organischer Substanz und Gesamtstickstoff

Grundsätzlich stehen die organische Substanz eines Bodens und der Gesamtstickstoffgehalt in einem engen Verhältnis. Das wird auch aus der vorliegenden Untersuchung deutlich (Abbildung 14). Der Korrelationskoeffizient zwischen der organischen Substanz und dem Stickstoffgehalt beträgt 82 %, wobei bis auf zwei Werte alle untersuchten Proben in der Korrelation berücksichtigt wurden (n=139, zwei Werte wurden nicht berücksichtigt, da in diesen Fällen kein Stickstoff nachweisbar war). Es wird eine Akkumulation im Bereich mit niedriger organischer Substanz und niedrigem Gesamtstickstoffgehalt deutlich, was die untersuchten Böden unter landwirtschaftlicher Nutzung darstellen. Die Punkte im oberen Bereich der Trendlinie resultieren ausschließlich aus dem Oberboden der Waldfläche und der frisch gerodeten Ackerfläche.

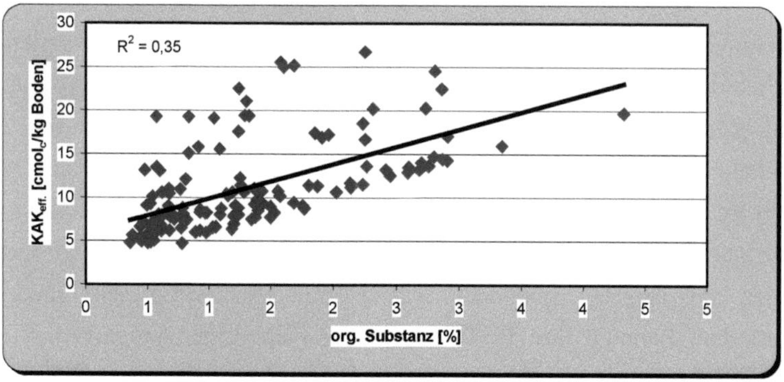

Abb. 15: Korrelation zwischen organischer Substanz und der $KAK_{eff.}$

Die enge Korrelation zwischen der effektiven Kationenaustauschkapazität und der organischen Substanz wird in der Abbildung 15 deutlich (vgl. WEISCHET & CAVIEDES 1993, S. 101). Der Trend ist klar zu erkennen, wobei doch ein eher geringes Bestimmtheitsmaß von 35,4 % durch eine hohe Streuung gegeben ist (n=141). Durch die Rodung steigen die Gehalte der $KAK_{eff.}$ auf der vor einem Jahr gerodeten Fläche durch die Aschedüngung sehr stark an, während die organische Substanz im Vergleich zur Waldfläche im Oberboden abnimmt und nur im Unterboden ansteigt (vgl. Abbildung 21). Daraus resultieren die ‚Ausreißer' bei der in Abbildung 15 dargestellten Korrelation. Betrachtet man die Bestimmtheitsmaße zwischen der $KAK_{eff.}$ und der organischen Substanz der einzelnen Fläche, so erkennt man eine sehr starke Korrelation beider Parameter beispielsweise im Oberboden des Waldes mit 94 %, was ein Anzeichen für ein ungestörtes Gleichgewicht im Ökosystem ist.

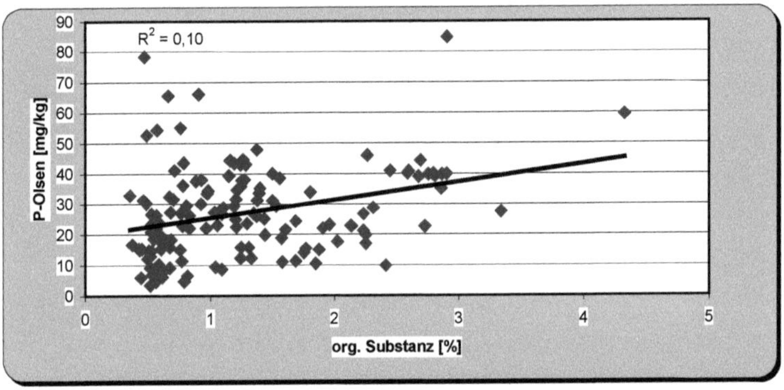

Abb. 16: Korrelation zwischen organischer Substanz und Phosphorverfügbarkeit

Auf Grund des Bestimmtheitsmaßes von 9,3 % kann der Zusammenhang zwischen der organischen Substanz und der Phosphorverfügbarkeit als nur sehr gering bezeichnet werden. Die am stärksten abweichenden Werte sind nicht signifikant spezifischen Flächen zuzuordnen, sondern sind beispielsweise sowohl im Unterboden des Waldes, auf der fünfjährigen Fläche als auch nach 29-jähriger Nutzung zu finden (Werte über 50 mg/kg P). Die erhöhten P-Gehalte auf der am längsten genutzten Fläche mit gleichzeitig sehr niedrigem Humusgehalt könnten ihre Erklärung in der Nähe zum landwirtschaftlichen

Betrieb finden. Die Fläche wird relativ häufig von Rindern frequentiert, die dort für wenige Stunden zum grasen geführt werden (vgl. 6.1.6).

Ein Grund für die geringe Korrelation zwischen organischer Substanz und Phosphor ist der geringe Gehalt des Humusanteils. MÜLLER-SÄMANN (1986, S. 117) beschreibt eine hohe Signifikanz der beiden Parameter nur für Böden mit über 2 % organischer Masse. Dieser Gehalt wird auf den untersuchten Flächen nur selten erreicht.

Nach SCHEFFER & SCHACHTSCHABEL (1998, S. 247) besteht ein Zusammenhang zwischen dem Gehalt der Böden an organischer Substanz und dem organisch gebundenen Phosphor, der vom biologischen Bodenzustand abhängig ist. In A_p-Horizonten von ertragreichen Böden in gemäßigten Breiten liegt das C/P-Verhältnis in der Regel bei 100, in der vorliegenden Untersuchung schwanken die C/P-Quotienten zwischen 31 und 1235, ein weiteres Anzeichen für den fehlenden Zusammenhang zwischen beiden Parametern. FASSBENDER (1972, S. 88) errechnet für lateinamerikanische Böden ebenfalls große Schwankungen für dieses Verhältnis.

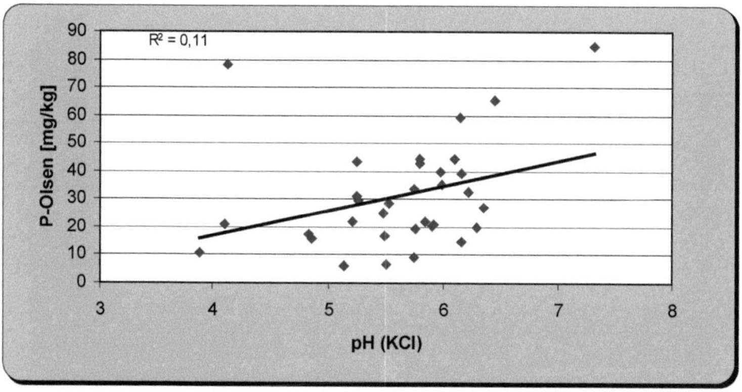

Abb. 17: Korrelation zwischen pH-Wert (KCl) und Phosphorverfügbarkeit

Diese starken Schwankungen der P-Gehalte spiegeln sich auch in der Korrelation zwischen dem pH-Wert (KCl) und der Phosphorverfügbarkeit wider. Das Bestimmtheitsmaß von 11 % zeigt eine starke Streuung an, wobei eine leichte Tendenz zu erkennen ist, dass die Erhöhung des pH-Wertes eine Zunahme des verfügbaren Phosphors bewirkt (FINCK 1991, S. 29, FÖLSTER & FAßBENDER 1984, S. 98f.).

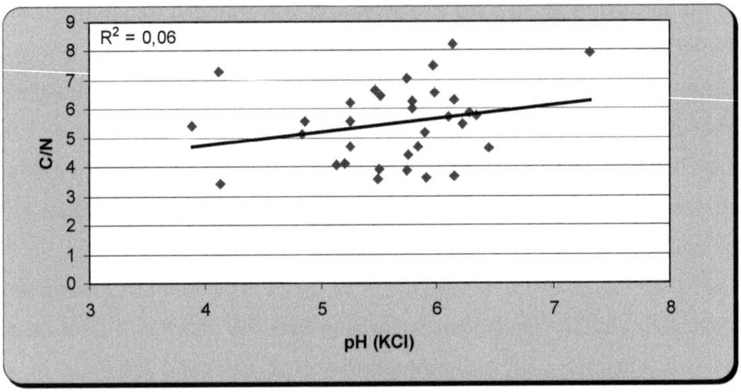

Abb. 18: Korrelation zwischen pH-Wert (KCl) und dem C/N-Verhältnis

FASSBENDER (1972) stellt die Beziehung zwischen dem C-Gehalt und der Bodenreaktion in zentralamerikanischen Böden dar. Er kommt zu dem Ergebnis, dass eine hohe Azidität zur Humusanreicherung führt.

Dieser Trend ist in der vorliegenden Untersuchung nicht nachzuweisen. Die Korrelation zwischen pH-Wert (KCl) und dem C/N-Verhältnis liegt bei nur 6 %, der statistische Zusammenhang von pH-Wert (KCl) und C-Gehalt sogar nur bei 3,5 %. Es ist zu vermuten, dass die an sich schon sehr niedrigen N-Gehalte bei einer absolut gesehen relativ geringen Streuung zu großen Unterschieden im C/N-Verhältnis führen. So ergeben beispielsweise Parallelproben im Unterboden der 25 Jahre alten Fläche mit N_t-Gehalten von 0,032 %, 0,01 % und „nicht nachweisbar" bei gleichem C-Gehalt C/N-Verhältnisse von 8.9, 29.2 und „nicht bestimmbar" (siehe Anhang). Dadurch sind große Streuungen unabdingbar.

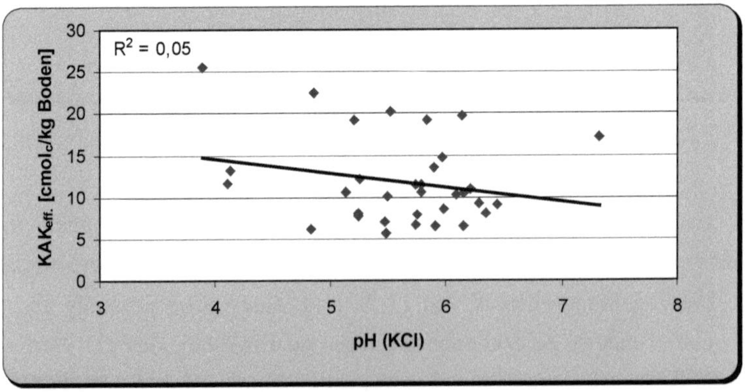

Abb. 19: Korrelation zwischen pH-Wert (KCl) und der $KAK_{eff.}$

Die Kationenaustauschkapazität wird bedingt durch die Art und Mengenanteile der Tonminerale und Huminstoffe, wobei die KAK mit steigendem pH-Wert normalerweise zunimmt, da die Huminstoffe eine variable Ladung besitzen (AG BODEN 1994). Dieser Trend ist in der vorliegenden Untersuchung nicht zu erkennen. Die Abbildung 19 zeigt die Korrelation zwischen pH-Wert (KCl) und der $KAK_{eff.}$, welche keinen statistischen Zusammenhang aufweist. Eine Begründung liegt im sehr geringen Anteil der organischen Substanz im Boden. Im Gegensatz dazu zeigt die Abbildung 20 einen deutlichen statistischen Zusammenhang zwischen dem Tongehalt des Bodens und der effektiven Kationenaustauschkapazität.

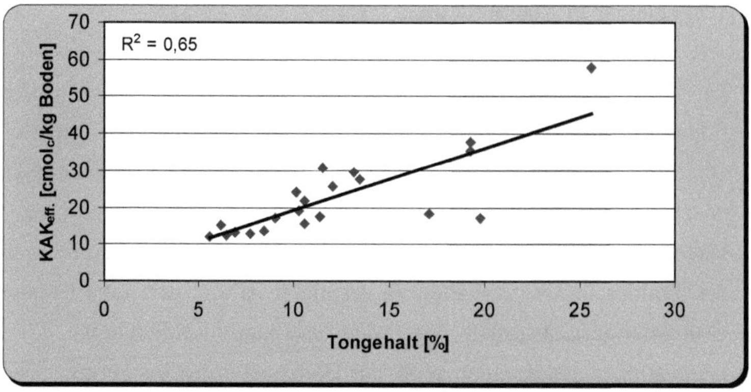

Abbildung 20: Korrelation zwischen Tongehalt und der $KAK_{eff.}$

Nach AG BODEN (1994) kann man von der Kationenaustauschkapazität auf das vorherrschende Tonmineral schließen. Demnach wären überwiegend Illite (20-50 $cmol_c$/kg Ton) und Smectite (70-130 $cmol_c$/kg Ton) vorhanden. Die Kationenaustauschkapazitäten der Tonfraktionen im Untersuchungsgebiet schwanken zwischen 37,5 (A_p der frisch gerodeten Fläche) und 115 $cmol_c$/kg Ton (A_h der Waldfläche). KAUFFMANN, SOMBROECK & MANTEL (1998) geben für den Luvisol in den Tropen generell Kaolinite und Smectite als dominante Tonminerale an.

Die große Bedeutung des Unterbodens für den Nährstoffhaushalt und die Nährstoffversorgung der Pflanzen untermauern RENGER, WESSOLEK & GÄTH (1994). Demnach sind folgende Aspekte für die Nährstoffaufnahme aus dem Unterboden ausschlaggebend:

- die Durchwurzelungsintensität in Abhängigkeit von der Bodentiefe,
- die Nährstoffgehalte im Ober- und Unterboden,
- der Wasserhaushalt des Bodens (pflanzenverfügbares Wasser und klimatische Wasserbilanz) und
- die Ionenkonkurrenz.

Das Nährstoffverhalten einzelner Parameter der verschiedenen Flächen im Unterboden im Vergleich zum Oberboden ist den Abbildungen 21 bis 29 im Kapitel 6.3 zu entnehmen.

Folgende pedologische Charakteristika der untersuchten Böden ergeben sich aus den vorangegangenen Ausführungen:

1. Es liegen durchgehend hohe Sandfraktionen mit einer deutlichen Tonanreicherung im Unterboden vor. Diese Abnahme des Tonanteils im Oberboden lässt auf einen äolischen Feinmaterialtransport schließen. Es ist zu vermuten, dass ein Teil des Tones vom Wind ausgeblasen wird. Dagegen spricht jedoch die Tatsache, dass auch auf der Referenzfläche des Waldes dieses Verhalten zu erkennen ist und dort eine Erosion auf Grund der geschlossenen Vegetationsdecke auszuschließen ist.
2. Die Kationenaustauschkapazität der Böden ist mittel bis gering.
3. Die pH-Werte liegen im neutralen bis schwach sauren Bereich.
4. Die Nährstoffverfügbarkeit von Mg, Ca, Na und K ist ausreichend bis gut.
5. Das pflanzenverfügbare Phosphor weist sehr hohe Gehalte auf.
6. Die Gehalte an organischer Substanz und Gesamtstickstoff sind grundsätzlich als sehr gering einzustufen.
7. Die Böden sind sehr stark den anthropogenen Einflüssen unterworfen. Die Intensität der Degradierung mit der Darstellung der graduellen Abnahme im zeitlichen Verlauf wird im nächsten Kapitel ausführlich behandelt.

Zusammenfassend kann die Bodenqualität in der untersuchten Region als sehr gut und das Bodennutzungspotential als sehr hoch eingestuft werden. Das Verhalten einzelner Parameter im zeitlichen Vergleich wird im folgenden Kapitel 6.3 ausführlich behandelt. Als wesentliche Mangelfaktoren sind dabei nochmals die organische Substanz und der Gesamtstickstoff zu nennen.

6.3 Die Böden im zeitlichen Vergleich anhand ausgewählter Parameter

Anhand der Waldfläche und der fünf unterschiedlichen Stadien der landwirtschaftlichen Nutzung sollen im folgenden Kapitel Gradienten einzelner ausgewählter Parameter aufgezeigt werden.

6.3.1 Organische Substanz und Gesamtstickstoff

Betrachtet man die Entwicklung des Gehaltes der organischen Substanz im zeitlichen Vergleich, so ist eine deutliche Abnahme der organischen Substanz mit Zunahme der Dauer der landwirtschaftlichen Nutzung zu verzeichnen. Der Oberboden (0-30 cm) der Waldfläche weist einen Gehalt von 2,8 % auf, nach der Rodung ist der Boden noch mit 2,3 % ausreichend versorgt. Mit Beginn der landwirtschaftlichen Nutzung nimmt der Humusgehalt stetig ab (Abbildung 21). Betrachtet man nur den A-Horizont, so zeigt sich die Abnahme noch deutlicher: der A_h (Wald) hat einen $C_{org.}$-Gehalt von 4,3 % und der A_p nach 29 Jahren Nutzung nur noch 1,28 %.

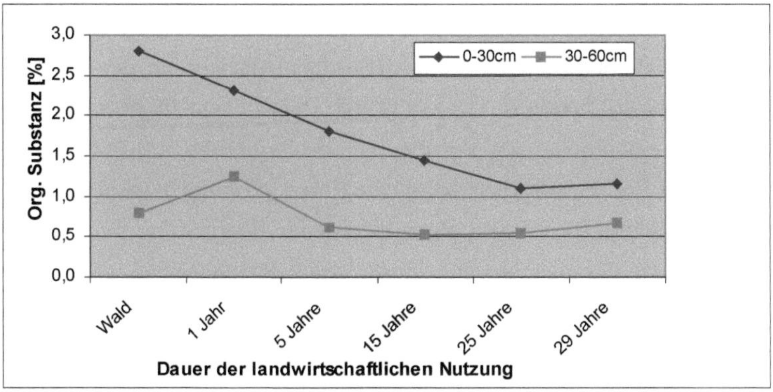

Abb. 21: Die organische Substanz in Abhängigkeit von der Dauer der landwirtschaftlichen Nutzung

Nach BARROW (1991) ist für tropische Böden ein Gehalt an organischer Substanz von weniger als 2 % ein Indikator für die Degradation des Bodens. Demnach lassen sich die Böden unter Wald und auch noch nach der Rodung mit einjähriger Nutzung als nicht degradiert klassifizieren. Jedoch bereits nach einer landwirtschaftlichen Nutzung von 5 Jahren sind die Böden als degradiert zu bezeichnen, der $C_{org.}$-Gehalt geht auf unter 2 % zurück.

Nach 29 Jahren intensiver Nutzung nimmt der Gehalt an organischer Substanz um durchschnittlich 0,06 % pro Jahr in dieser Region ab (Wald: 2,8 % $C_{org.}$; 29 Jahre Nutzung: 1,1 % $C_{org.}$). Dies ist gut mit den Werten von RIEZEBOS & LOERTS (1998) vergleichbar, die für Ost-Paraguay und Süd-Brasilien eine Verringerung von 0,04 % bei traditioneller Bewirtschaftung und 0,07 % pro Jahr bei konventioneller Bearbeitung als Auswirkung der Landnutzungsveränderung nachweisen. LAL (1985) beziffert die Abnahme der organischen Substanz mit 0,05 bis 0,07 % pro Jahr auf Alfisolen in Nigeria.
Die hohe Zersetzungsrate ist bedingt durch eine erhöhte biologische Aktivität in Folge der Bodendurchmischung (maschinelle Bearbeitung) und höhere Bodentemperaturen durch verstärkte, direkte Sonneneinstrahlung (BARBER 1995, VAN WAMBEKE 1992). Der hohe Nährstoffentzug durch die Pflanzen und der unterlassene Nährstoffinput durch Düngung verstärkt diese Entwicklung.
Die starke Gewichtung der organischen Substanz für den Bodenbenutzer resultiert nach FÖLSTER & FAßBENDER (1984) aus ihrer Bedeutung als Träger von austauschbaren Kationen, Quelle von N, P und S und Stabilisator eines lockeren Bodengefüges.
Eine Möglichkeit der Regenerierung der Böden hinsichtlich des organischen Materials liefern RIEZEBOS & LOERTS (1998). Nach einer 20-jährigen Nutzung und der damit einhergehenden Verringerung der organischen Substanz, erhöhte sich mit einer „no-tillage"-Bearbeitung (‚*direct planting'*) wieder der $C_{org.}$-Gehalt, dabei erfolgt die Einsaat ohne tiefgehende Bearbeitung direkt zwischen den Stoppeln der vorangegangenen Ernte. Auch BARBER et al. (1996) weisen nach einer No-Tillage-Bearbeitung erhöhte Gehalte an organischer Substanz und Stickstoff nach. Dieser Effekt wäre auch auf den Flächen im Oriente Boliviens zu erwarten. Damit zeigt sich, dass der $C_{org.}$-Gehalt nicht nur von der Umwandlung des Waldes in Ackerland abhängig ist, sondern dass auch die Bodenbearbeitung weiteren Einfluss hat. Sie kann die Degradation weiter verstärken oder auch durch eine bodenschonende Bearbeitung einschränken. Diese Ergebnisse sind ein deutliches Anzeichen dafür, dass richtiges Management eine Bodendegradation limitieren kann.

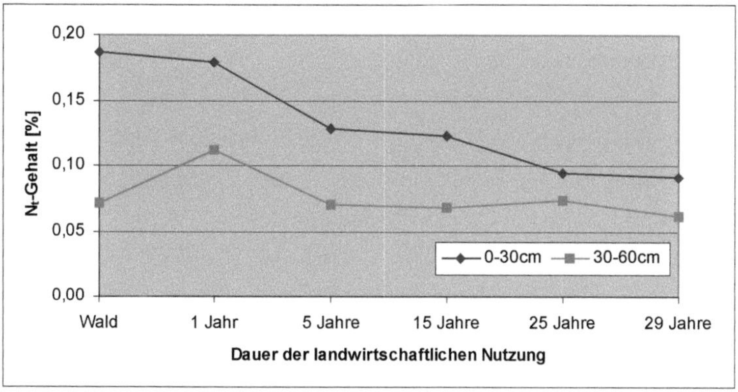

Abb. 22: Gesamtstickstoff in Abhängigkeit von der Dauer der landwirtschaftlichen Nutzung

Eine deutliche Abnahme des Gesamtstickstoffgehaltes im Oberboden in Abhängigkeit von der Dauer der landwirtschaftlichen Nutzung wird anhand der Abbildung 22 deutlich. Der Stickstoffgehalt sinkt von knapp 0,2 % unter natürlichen Bedingungen im Wald auf 0,09 % N_t nach 29-jähriger Bewirtschaftung. Im Unterboden bleibt der Stickstoffgehalt hingegen stabil, mit Ausnahme eines Anstiegs direkt nach der Brandrodung.

FASSBENDER (1972, S. 34) gibt für Oberböden Lateinamerikas einen Durchschnittswert von 0,49 % N an, was die vergleichsweise niedrigen Gehalte in der untersuchten Region verdeutlicht.

Nach FÖLSTER & FAßBENDER (1984, S. 93) wird der N_t-Gehalt vor allem von Klima und Vegetation beeinflusst, wobei weitere Parameter wie Relief, Ausgangsmaterial, Bodennutzung, Wasserhaushalt ebenfalls beteiligt sind. In der vorliegenden Untersuchung liegen mit Ausnahme der Dauer der Bodennutzung gleiche Rahmenbedingungen vor. Damit ist die Verringerung des N_t-Gehaltes und die damit einhergehende Bodendegradation eindeutig auf die intensive Bodenbearbeitung im Untersuchungsgebiet zurückzuführen.

Eine deutliche Abnahme der organischen Substanz nach der langjährigen landwirtschaftlichen Nutzung wird ebenfalls deutlich. Sie ist ein Anzeichen für die biologische Bodendegradation. Nach 18 Jahren halbiert sich der $C_{org.}$-Gehalt von 1,6 auf 0,8 % (BARBER 1995; vgl. auch BENDER 1983).

Verursacht wird die Abnahme der organischen Substanz durch den starken Entzug an Biomasse bei der Rodung, Verringerung des organischen Inputs (Ausbleiben des Litterfalls) sowie durch die Zunahme der Dekomposition der organischen Substanz bedingt durch erhöhte biologische Aktivität, die durch Bodendurchmischung der Bearbeitung und höhere Bodentemperaturen infolge verstärkter direkter Einstrahlung zustande kommt.

LOBE, AMELUNG & DU PREEZ (1999) haben die Kohlenstoffgehalte in den einzelnen Korngrößenfraktionen auf unterschiedlich lang ackergenutzten Plinthustalfs (Südafrika) untersucht. Sie kommen zu dem Ergebnis, dass bei andauernder Landnutzung enorme Verluste an organischer Bodensubstanz vorhanden sind, und selbst nach 90 Jahren noch kein Gleichgewichtszustand erreicht wird. Dieses ist bedingt durch kontinuierliche C-Verluste in der Schluffraktion auf Grund der Winderosion. Dies trifft auch für die vorliegende Untersuchungsregion zu.

Die Funktionen und Bedeutung der organischen Bodensubstanz in Bezug auf die Bodenfruchtbarkeit wird anhand der folgenden Effekte der Humussubstanzen und ihrer Umwandlungsprodukte im Boden deutlich (nach SAUERBECK 1992):

1. Allmähliche Freisetzung von Pflanzennährstoffen (N, S, P)
2. Bindung von Pflanzennährstoffen durch Kationenaustausch und Sorption
3. Bildung und Erhaltung einer günstigen Bodenstruktur
4. Verbesserung der Wasserführung und des Wasserhaltevermögens
5. Erhöhung der Bodentemperatur durch Lichtsorption
6. Vermehrung der Filter- und Pufferkapazität
7. Immobilisierung und Entgiftung von toxischen Substanzen
8. Fördernde Effekte auf Pflanzen bei suboptimalen Wachstumsbedingungen

6.3.2 Phosphor

Die Erläuterungen in Kap. 6.1 haben gezeigt, dass alle untersuchten Oberböden eine sehr gute Versorgung von pflanzenverfügbarem Phosphor aufweisen, wenn man die Klassifizierung nach PAGEL et al. (1982) zu Grunde legt. Auch im Unterboden (30 bis 60 cm) ist die Verfügbarkeit noch sehr hoch, mit Ausnahme der ein und fünf Jahre alten Flächen mit mittlerem und der 15 Jahre alten Fläche mit niedrigem P-Gehalt. Da bereits bei dem leicht pflanzenverfügbaren Phosphor (P-OLSEN) eine sehr gute Ausstattung vorliegt, kann nicht automatisch auf sehr hohe Gesamt-Phosphor-Gehalte geschlossen werden. Es ist jedoch tendenziell davon auszugehen, dass die Böden sehr gut mit Gesamt-P versorgt sind.

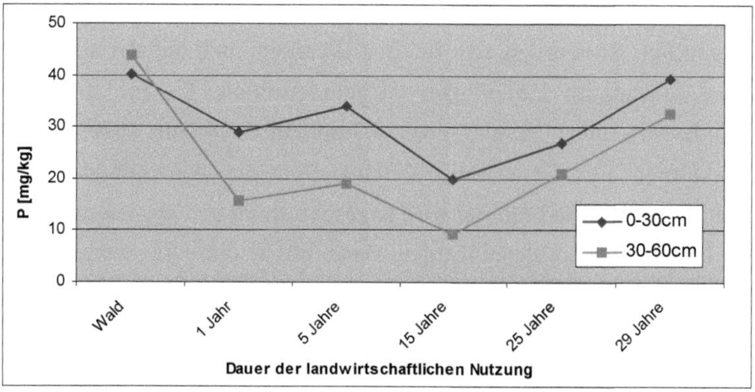

Abb. 23: Phosphor in Abhängigkeit von der Dauer der landwirtschaftlichen Nutzung

Die Phosphor-Gehalte im zeitlichen Verlauf zeigen keinen deutlichen Gradienten mit der Dauer der landwirtschaftlichen Nutzung. Es wäre zumindest im A_h-Horizont ein Anstieg an Phosphor nach der Brandrodung zu erwarten, da Phosphor in der Biomasse der Vegetation als Vorrat gespeichert ist (vgl. NYE & GREENLAND 1960, SANCHEZ 1976, STROMGAARD 1984). Dieser Anstieg ist auf den Flächen des mennonitischen Landnutzungssystems nicht zu verzeichnen. Die Begründung ist darin zu vermuten, dass die Pflanzenrückstände mit großen Maschinen zusammengeschoben und dann verbrannt werden, d.h. dass damit eine Akkumulierung der Biomasse auf geringer Grundfläche erfolgt. Im Gegensatz dazu, werden die Pflanzenrückstände im kleinbäuerlichen chaqueado-Anbausystem abgeholzt und an Ort und Stelle verbrannt.

Es erfolgt auf den landwirtschaftlich genutzten Flächen kein Phosphor-Input, mit Ausnahme durch Fäkalien von temporär grasendem Vieh. Demgegenüber stehen sehr große Ernteausträge. Eine Berechnung des P-Austrages ist nur bedingt möglich, da keine genauen Daten zur Sorghum-Ernte und zur langjährigen Fruchtfolge vorliegen (eigene Erhebung: 1000 Garben je Hektar,

COOPERACIÓN TÉCNICA BOLIVIANO-ALEMAN (1999): 946 ‚manojos' [‚Handvoll']). Zudem erklärt eine solche Berechnung auch nicht die große Streuung in Bezug auf die Dauer der landwirtschaftlichen Nutzung, denn der Nährstoffaustrag ist auch bei den anderen Parametern zu verzeichnen, die jedoch einen Gradienten aufweisen.

Die Böden weisen auch innerhalb der Untersuchungsparzellen sehr große Streuungen auf. So wurden z.B. bei den Parallelproben auf der seit 25 Jahren genutzten Fläche, im Unterboden Gehalte ermittelt, die um den Faktor 7 voneinander abweichen (Streuung von 4,7 ppm bis 32,9 ppm, siehe Tabelle 17). Eine Erklärung für diese hohe Varianz sind die Alluvialböden an sich. Unterschiedlich reiches Material wird angeschwemmt und abgelagert, die Böden können dabei sehr inhomogen werden. Dann müsste diese Streuung jedoch auch bei den anderen Parametern vorhanden sein, was in diesem Maße nicht der Fall ist (Tabellen 27 und 28 im Anhang).

SCHAD (1995) weist für das bolivianische Hochland ebenfalls keine eindeutige Veränderung der Phosphorgehalte bei traditioneller Bewirtschaftungsmethode nach, weder bei zwischengeschalteter Brache noch bei durchgehender Bewirtschaftung mit Kulturpflanzen. Die organische Düngung ist dort ausschlaggebender Faktor für die P-Gehalte.

Auch GAST (1995) konnte keine nutzungsbedingte Entwicklung bei den Phosphat-Gehalten feststellen. Weder der zu erwartende Anstieg nach der Brandrodung noch die P-Abnahme bei Dauerkulturen wurden bei den Untersuchungen in der Elfenbeinküste deutlich.

Langzeitversuche auf niedersächsischen Lößböden hingegen weisen eine deutliche Abnahme des P-Vorrats unter Ackerkultur auf, wenn keine Düngung erfolgt (JUNGK 1994). Ohne P-Düngung verringerte sich der P-Gehalt in 14 Versuchsjahren um 50 bis 65 %.

Grundsätzlich ist die Tiefenverteilung der Bodenphosphate durch eine vertikale Abnahme im Bodenprofil gekennzeichnet, die vor allem mit der Abnahme der organischen Substanz einhergeht. Eine Ausnahme für die Abnahme auch der anorganischen Phosphate können dabei B_t-Horizonte bilden, in denen eine Anreicherung von Al- und Fe-Phosphaten vorliegen kann (FÖLSTER & FAßBENDER 1984, S. 100). Der vertikale Gradient der Phosphor-Gehalte liegt auch hier vor, mit Ausnahme der Waldfläche, wo der B_t-Horizont (>65 cm

Tiefe) mit 78,4 mg/kg Boden einen höheren Phosphorgehalt aufweist als die darüberliegenden A_h- und E-Horizonte (vgl. Tabelle 11). Diese untypische Tiefenverteilung des Phosphors im Wald wird auch anhand der Abbildung 23 deutlich, dort sind im Unterboden größere Konzentrationen vorhanden als im Oberboden.

6.3.3 Lagerungsdichte

Bei der Umwandlung von Wald- in Agrarflächen ist die Lagerungsdichte eine der Bodeneigenschaften, die starken Veränderungen unterlegen ist.
Nach der Klassifizierung von SCHLICHTING, BLUME und STAHR (1995) ist der A_h-Horizont des Waldes der einzige der untersuchten Horizonte, dessen Lagerungsdichte als gering eingestuft werden kann. Alle anderen A_p-Horizonte weisen durchgehend eine mittlere Lagerungsdichte auf, was auf eine Verdichtung zum einen durch die maschinelle agrarische Nutzung und zum anderen auf eine Bodenverdichtung bereits durch die Rodung hinweist. Die beiden höchsten Lagerungsdichten, wurden in B_t-Horizonten der 25 und 29 Jahre alten Flächen bestimmt. Sie sind damit die einzigen Flächen der Klasse ‚sehr hoch' und zeigen die verstärkte Verdichtung über eine längere Nutzungszeit. Betrachtet man jeweils den zweiten Horizont im Profil, so weisen auch wieder die beiden am längsten bewirtschafteten Flächen die höchsten Werte auf, wobei selbst der Wald unter ungestörten Bedingungen mit 1,51 g/cm³ eine hohe Dichte aufweist.

	A_h- bzw. A_p-Horizont	2. Horizont	3. Horizont	4. Horizont	5. Horizont
Waldfläche	1,23	1,51	1,71		
1 Jahr Nutzung	1,49	1,60	1,61		
5 Jahre Nutzung	1,31	1,58	1,61		
15 Jahre Nutzung	1,42	1,60	1,52		
25 Jahre Nutzung	1,48	1,69	1,78	1,59	1,66
29 Jahre Nutzung	1,43	1,69	1,73	1,77	

Tab. 18: Lagerungsdichte in g/cm³ auf Flächen mit maschineller Landnutzung der Mennoniten

Diese von Natur aus hohe Lagerungsdichte wird von BARBER 1995 als *‚hardsetting'* beschrieben und ist nach LAL et al. (1989) ein natürlicher Prozess der Bodendegradation. Der Boden verhärtet sich zu einer festen, strukturlosen

Masse während der Trockenzeit, die sich erst wieder zu Beginn der Regenzeit etwas lockert und daraufhin deutlich besser zu bearbeiten ist (vgl. VAN WAMBEKE 1992, S. 171; STEINER 1996, S. 24).

	Wald	16 Mon. Bearb.	14 J. Bearb.	18 J. Bearb.
0 - 15 cm	0,98	1,15	1,51	1,36
15 – 25 cm	1,26	1,67	1,70	1,49
25 – 35 cm	1,36	1,71	1,81	1,64
35 – 45 cm	1,41	1,55	1,79	1,79
45 – 55 cm	1,44	1,56	1,68	1,71

Tab. 19: Lagerungsdichten von Typic Haplustalfs unter Wald und nach unterschiedlich langer Bearbeitung in der Region „Las Brechas" (Bolivien) (BARBER 1995)

BARBER 1995 unterstreicht die Ergebnisse dieser vorliegenden Arbeit hinsichtlich der Lagerungsdichte. Vor allem im Oberboden kommt es zu einer starken Verdichtung durch die maschinelle landwirtschaftliche Bearbeitung, die sich bis in untere Bodenhorizonte fortsetzt (Tabelle 19).

6.3.4 Porosität

Das Gesamtporenvolumen setzt sich zusammen aus dem Anteil der Bodenluft und des Bodenwassers und stellt somit einen wichtigen ökologischen Standortfaktor als Voraussetzung für die Atmung der Pflanzenwurzeln und Mikroorganismen dar. Zudem ist die Porosität des Bodens ein wichtiger pedogenetischer Faktor bei der Bodenentwicklung (SCHROEDER 1969).

Bei der Betrachtung des Gesamtporenvolumens werden Unterschiede zwischen der Waldfläche und den landwirtschaftlich genutzten Flächen deutlich. Das Gesamtporenvolumen verringert sich im A_h-/A_p-Horizont unter Wald von 51,0 % auf 43,7 % nach 29-jähriger Bewirtschaftung. Diese Veränderung wird auch in der Porengrößenverteilung deutlich. Der Anteil an weiten Grobporen und der Mittelporenanteil nehmen ab, während der Feinporen- und enge Grobporenanteil konstant bleiben.

Auch BARBER (1995) weist einen signifikanten Unterschied bezüglich des Porenvolumens nach. Nach 5½-jähriger Bearbeitung findet eine deutliche Abnahme des Porenvolumens im Vergleich zur Waldfläche statt. Mittelporen und enge Grobporen gehen von 13,4 auf 10,1 % zurück, der Anteil an weiten Grobporen verringert sich von 16,6 auf 9,9 %.

	Horizont	LK [%]	nFK [mm]	nFKWe [mm]	nFKWe-Bewertung
Wald	0-13cm 13-65cm > 65cm	17,1 14,1 6,7	38,7 77,9 30,5	138,4	gering/mittel
1 Jahr	0-20cm 20-60cm > 60cm	5,9 2,1 6,6	21,6 12,1 39,6	63,3	gering
5 Jahre	0-20cm 20-60cm > 60cm	14,4 14,8 7,6	32,0 57,9 37,1	90,0	gering
15 Jahre	0-25cm 25-75cm > 75cm	15,7 15,2 13,6	39,0 74,6 34,7	50,9	sehr gering
25 Jahre	0-10cm 10-21cm 21-40cm 40-75cm > 75cm	15,6 9,4 9,6 16,5 7,9	15,6 14,6 23,9 52,1 23,7	22,0	sehr gering
29 Jahre	0-10cm 10-45cm 45-70cm > 70cm	15,2 8,6 6,2 5,9	15,2 42,6 16,7 18,2	74,5	gering

Tab. 20: Luft- und nutzbare Feldkapazität der untersuchten Böden

Die Tabelle 20 liefert einen Überblick über die Luft- und nutzbare Feldkapazität der untersuchten Böden. Die nutzbare Feldkapazität (nFK) ist der Teil der Feldkapazität, der für die Vegetation nutzbar ist, jeweils bezogen auf die Horizonte. Zur Berechnung gehen Mittelporen und enge Grobporen mit ein, zudem ein Zuschlag in Abhängigkeit von Bodenart und organischer Substanz (AG Boden 1994). Die nutzbare Feldkapazität des effektiven Wurzelraumes (nFKWe) ist das wesentliche Maß für die pflanzenverfügbare Bodenwassermenge, bedingt und limitiert durch die Durchwurzelungstiefe. Bei der Bewertung der nFKWe ist die Waldfläche mit 138,4 mm am besten einzustufen. Die landwirtschaftlich genutzten Flächen sind jedoch alle im geringen bis sehr geringen Bereich anzusiedeln.

Da im Rahmen dieser Arbeit bezüglich des Porenverhaltens zum einen im Feld und Labor gemessene Daten als auch nach RENGER (1971) berechnete Daten vorliegen, ist ein Vergleich dieser beiden Datensätze von großem Interesse. Es stellt sich die Frage, ob eine Anwendbarkeit der Abschätzung von RENGER in den Tropen gegeben ist und somit eine Übertragbarkeit sinnvoll ist. Dieses ist in der Literatur bislang nicht nachgewiesen, vergleichende Untersuchungen sind nicht bekannt. Die Ermittlung der Porengrößenverteilung aus der Körnung, dem Gehalt an organischer Substanz und der Lagerungsdichte war ursprünglich für den mitteleuropäischen Raum entwickelt worden und daraufhin auch in den Tropen angewandt worden (GEROLD & SCHAWE 1999a, BLASCHKE 1998, SCHAWE 1998, GAST 1995).

	Horizont	GPV			FP		MP		eGP		wGP	
		Labor	Renger	Formel	Labor	Renger	Labor	Renger	Labor	Renger	Labor	Renger
Wald	0-13cm	51,0	57,6	51,7	12,2	14,8	6,6	18,5	4,8	7,3	27,4	17,1
	13-65cm	39,2	44,6	42,4	10,7	16,0	7,4	9,7	4,1	4,8	17,0	14,1
	> 65cm	35,8	38,5	34,6	24,1	23,1	0,1	4,5	4,9	4,2	6,7	6,7
5	0-20cm	50,4	44,4	50,0	12,3	15,5	9,1	9,6	4,3	4,9	24,7	14,4
Jahre	20-60cm	38,1	44,1	40,5	9,6	14,8	6,7	9,5	3,6	5,0	18,2	14,8
	> 60cm	37,8	37,3	39,8	15,6	20,5	7,5	4,8	4,4	4,8	10,3	7,6
15 J.	0-25cm	42,6	43,0	45,8	9,4	12,2	4,0	9,8	4,8	5,3	24,3	15,7
	25-75cm	39,5	43,5	39,7	11,0	13,4	4,4	9,8	5,7	5,2	18,5	15,2
	> 75cm	41,1	45,4	40,9	16,2	17,9	3,8	9,2	4,7	4,7	16,4	13,6
29 J.	0-10cm	43,7	43,7	45,5	13,9	13,8	1,1	9,5	6,0	5,1	22,7	15,2
	10-45cm	33,1	35,2	34,1	18,1	14,9	-0,9	6,8	7,2	4,9	8,7	8,6
	45-70cm	43,9	39,8	35,3	31,6	26,9	2,6	2,7	3,0	4,0	6,7	6,2
	> 70cm	44,0	40,4	31,5	33,0	28,5	3,0	2,2	2,6	3,9	5,4	5,9

Tab. 21: Vergleich von gemessenen und berechneten Daten des Porenverhaltens

Das Gesamtporenvolumen (Formel) wurde aus der Lagerungsdichte nach folgender Gleichung berechnet: $PV=1-(d_B/d_F)$. d_B ist hierbei die Lagerungsdichte und d_F die Dichte der Festsubstanz (SCHEFFER & SCHACHTSCHABEL 1998, S. 146). Für die Dichte der Festsubstanz wurde ein Wert von 2,65 (Dichte von Quarz) eingesetzt.

Der Vergleich der drei Ergebnisse des GPV zeigt, dass sich die gemessenen Werte sehr stark an die aus der Lagerungsdichte berechneten Werte annähern. Auch die nach RENGER berechneten Werte stimmen weitgehend mit den Laboranalysen überein, wobei es z.B. in den A-Horizonten der Waldfläche und der fünfjährigen Fläche zu starken Abweichungen kommt. Diese Unterschiede beruhen vor allem auf unterschiedliche Ergebnisse bei dem Anteil der weiten Grobporen. Ob eine Übertragung der Abschätzung von RENGER auf die Tropen statistisch zulässig ist, kann auf Grund der geringen Stichproben innerhalb dieser Untersuchung nicht gesagt werden. Hier wären umfangreichere Untersuchungen durchaus wünschenswert, da somit die sehr aufwendige und zeitintensive pF-Analytik eventuell eingeschränkt werden könnte.

6.3.5 Totalgehalte

Die Totalgehalte weisen im zeitlichen Verlauf der landwirtschaftlichen Nutzung ein sehr einheitliches Bild auf. Es lässt sich folgendes Verhalten der Nährstoffe zusammenfassen:

- Die Gehalte aller Parameter auf der frisch gerodeten Fläche weisen einen deutlichen Peak auf. Sie sind sehr viel höher als auf allen anderen Flächen. Es kann hier von einer Aschedüngung ausgegangen werden, die zu den erhöhten Konzentrationen geführt hat.
- Alle Totalgehalte der mindestens fünf Jahre landwirtschaftlich genutzten Flächen liegen ausnahmslos unter den Gehalten der Waldfläche.
- Bei Ca, Mg, Mn und Fe ist folgende Reihenfolge bezüglich der Nährstoffabnahme zu erkennen: 1 Jahr > Wald > 5 Jahre > 15 Jahre > 25 Jahre.
- Die Fläche nach 29-jähriger Nutzung verzeichnet bei allen Parametern einen Anstieg der Konzentrationen. Eine Erklärung könnte der bereits erwähnte höhere Viehbestand sein, bedingt durch die Nähe zum landwirtschaftlichen Betrieb.

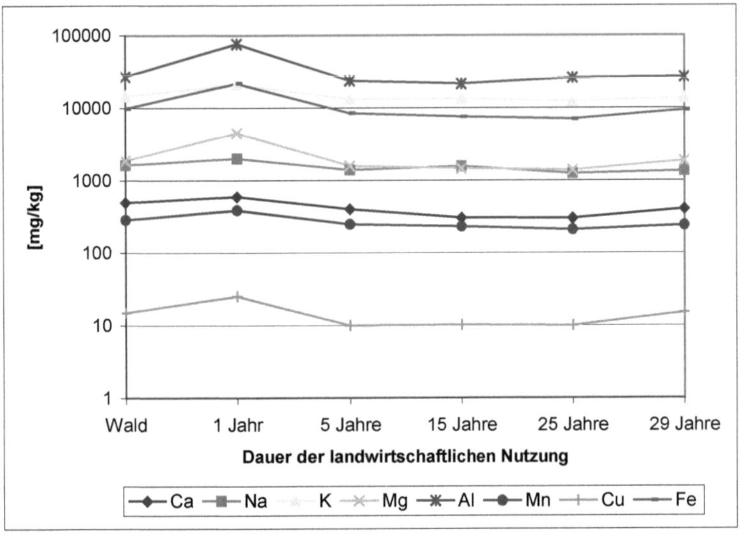

Abb. 24: Totalgehalte in Abhängigkeit von der Dauer der landwirtschaftlichen Nutzung (Oberboden)

6.3.6 Kationenaustauschkapazität

Die Kationenaustauschkapazität tropischer Böden ist nach PAGEL (1981) und PAGEL et al. (1982) der entscheidende Teil des Transformations- und Speicherungsvermögens des Bodens und stellt somit eine wichtige Grundlage der Bodenfruchtbarkeit dar. Die austauschbaren Kationen beeinflussen zahlreiche Bodeneigenschaften, wie die Bodenreaktion, die Pufferung, den Wasser- und Lufthaushalt und damit die Bodenentwicklung sowie die Gefügebildung (DIFF 1997). Zu den wichtigsten Kationenaustauschern gehört der Gehalt des Bodens an Tonmineralen und Huminstoffen (siehe Abbildungen 15 und 20). Da die organische Substanz innerhalb der falschen Zeitreihe sehr stark zurückgegangen ist, erklärt sich damit auch der deutliche Gradient der Kationenaustauschkapazität in Abhängigkeit von der Dauer der landwirtschaftlichen Nutzung (Abbildung 25). Der anfängliche Anstieg auf der frisch gerodeten Fläche ist überwiegend mit dem höheren Tonanteil zu erklären.

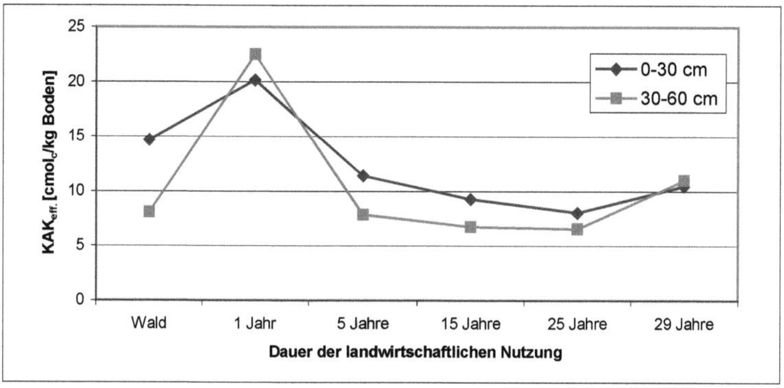

Abb. 25: Effektive Kationenaustauschkapazität in Abhängigkeit von der Dauer der landwirtschaftlichen Nutzung

Die effektive Kationenaustauschkapazität ist überwiegend von den Kationen Calcium und Magnesium geprägt. Daher ergibt sich bezüglich der einzelnen Elemente ein vergleichbares Bild zu dem der gesamten KAK (Abbildung 26).

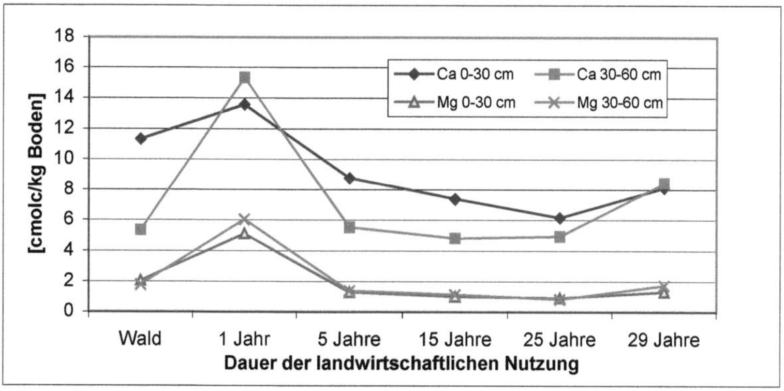

Abb. 26: Austauschbares Calcium und Magnesium in Abhängigkeit von der Dauer der landwirtschaftlichen Nutzung

Der Schwellenwert für die Magnesium-Sättigung nach DRECHSEL (1992) von 10-15 % wird auf allen Flächen erreicht. Diese liegen stets über 10 %, am höchsten ist die Mg-Sättigung auf der frisch gerodeten Fläche mit 26 % im Ober- und Unterboden. Die Werte der Calcium-Sättigung liegen durchgehend über 65 % (siehe Tabelle 29 im Anhang).

6.3.7 Andere Parameter

Die Betrachtung der Korngrößenzusammensetzung macht deutlich, dass bei allen sechs Leitprofilen im Unterboden eine Tonanreicherung vorhanden ist. Der Schluffanteil ist dabei weitgehend gleichbleibend, so dass der Sandgehalt in den unteren Horizonten abnimmt. Es ist zu vermuten, dass bei der langanhaltenden Bewirtschaftung und der damit einhergehenden Erosion zunächst die feinen Tonpartikel ausgeblasen werden. Damit würde der prozentuale Anteil der Sandfraktion im Oberboden ansteigen, ohne dass eine Tonverlagerung vorliegt. Dieser Sachverhalt ist jedoch auch auf der Referenzfläche mit erosionshemmendem Waldbestand zu verzeichnen, so dass die oben genannte These widerlegt werden kann (Tabelle 22). Es ist daher eine klimatisch und bodengenetisch bedingte Tonverlagerung anzunehmen, wie sie für die Region typisch ist (GUAMAN 1999, AGRAR- UND HYDROTECHNIK et al. 1977, BARBER et al. 1996).

	Wald	1 Jahr	5 Jahre	15 Jahre	25 Jahre	29 Jahre
A_h/A_p	17,1	30,9	18,2	13,3	13,6	15,7
B_t	29,7	57,8	25,8	21,9	24,3	35,4

Tab. 22: Gewichtsprozente der Tonfraktionen von A_h/A_p und B_t der sechs Leitprofile im zeitlichen Vergleich

Nach FÖLSTER & FASSBENDER (1994) kommt es vor allem in semihumiden Gebieten zur Tonverlagerung, in denen der pH-Wert der Böden zwischen 5 und 7 liegt.

Eine biogene Materialschichtung (z.B. durch Termiten) kann in dem Untersuchungsgebiet ausgeschlossen werden. Da es sich bei der Region um eine große, alte Flussniederung handelt, die eine Akkumulationsebene darstellt, wäre eine Materialschichtung durch Abtrag und Sedimentation möglich. In diesem Fall wären jedoch im Unterboden höhere Sandanteile zu vermuten, durch die frühere Sedimentation der größeren Partikel. Die Verlagerung des Flusslaufes als Ursache für die vertikale Differenzierung der Textur ist ebenfalls nicht anzunehmen, da alle Leitprofile eine sehr ähnliche Differenzierung aufweisen (Tabelle 22).

Die Gradienten des pflanzenverfügbaren Calciums (AL-löslich), der Leitfähigkeit und des $CaCl_2$-löslichen Magnesiums sind den Abbildungen 27 bis 29 zu entnehmen. Auch bei diesen Parametern ist der gleiche Verlauf zu erkennen: Anstieg nach der Rodung und danach stetige Abnahme der Gehalte. Ausnahme dabei ist wiederum die 29 Jahre alte Fläche. Es ist zu beobachten, dass zwar eine Degradation vorhanden ist, gleichzeitig aber ein hohes Nährstoffniveau vorliegt. So ist das z.B. das pflanzenverfügbare Magnesium ($CaCl_2$-Extraktion) auf allen Flächen ausreichend vorhanden. Der Grenzwert nach LANDON (1991) von 60 mg/kg Boden wird überall erreicht.

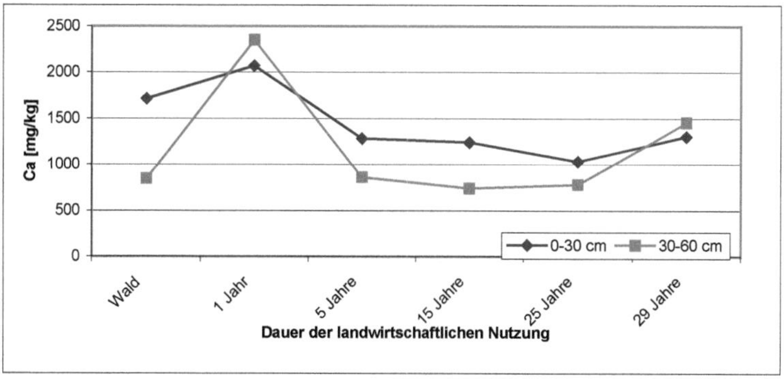

Abb. 27: Pflanzenverfügbares Calcium (AL-löslich) in Abhängigkeit von der Dauer der landwirtschaftlichen Nutzung

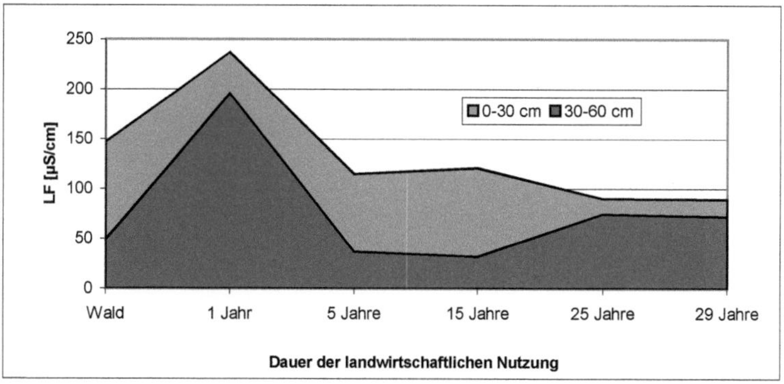

Abb. 28: Leitfähigkeit in Abhängigkeit von der Dauer der landwirtschaftlichen Nutzung

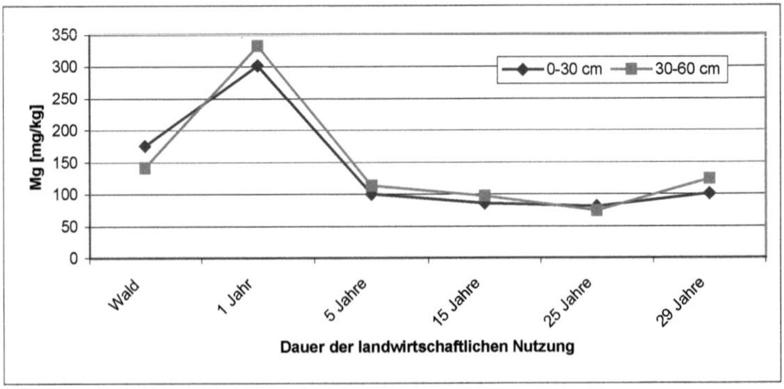

Abb. 29: Pflanzenverfügbares Magnesium ($CaCl_2$-löslich) in Abhängigkeit von der Dauer der landwirtschaftlichen Nutzung

7. Diskussion der Ergebnisse

Die Darstellungen der Ergebnisse im vorangegangenen Kapitel bestätigen die These, dass durch die intensive landwirtschaftliche Nutzung der Mennoniten eine Degradation des Bodens vorliegt. Diese Degradation spiegelt sich vor allem im Rückgang der Nährstoffe in der Bodenfestsubstanz wider. Dieser Sachverhalt deckt sich weitgehend mit anderen Untersuchungen. Bevor die Ergebnisse mit anderen bodenkundlichen Arbeiten weiter verglichen werden, soll im folgenden zunächst auf die statistische Signifikanz eingegangen werden.

Die statistische Auswertung ist den Tabellen 30a, 30b, 31 und 32 im Anhang zu entnehmen. Die Tabelle 31 charakterisiert die empirischen Verteilungen mit den relevanten statistischen Parametern. Die Tabellen 30 a und b zeigen auf, ob die Unterschiede der Mittelwerte der einzelnen Parameter zwischen zwei Flächen signifikant sind (t-Test). So ergibt sich für die organische Substanz im Oberboden eine ganz deutliche Signifikanz. Mit Ausnahme der 25 und 29 Jahre alten Fläche sind alle Werte signifikant verschieden. Im Gegensatz dazu sind z.B. die Unterschiede der Mittelwerte der H_30^+-Konzentrationen (KAK) als nicht signifikant zu bewerten. Eine Ausnahme bildet dabei die 29 Jahre alte Fläche, die wiederum signifikante Unterschiede zu den anderen Flächen aufweist.

Sehr aussagekräftig sind ebenfalls die Ergebnisse der Varianzanalyse (Tabelle 32). Mit Hilfe dieser statistischen Methode lässt sich ermitteln, wieviel Prozent der gesamten Variation eines einzelnen Nährstoffparameters sich durch die Dauer der landwirtschaftlichen Nutzung erklären lassen. Hervorzuheben ist das Magnesium, welches sowohl im Ober- als auch im Unterboden erklärende Varianzen von weit über 90 % erreicht. Kohlenstoff und Stickstoff erreichen im Oberboden erklärende Varianzen von 85 %. Zudem lassen sich 82 % bzw. 88 % der gesamten Variation der Kationenaustauschkapazität durch die Dauer der Nutzung erklären. Grundsätzlich ist zu erkennen, dass die erklärende Varianz im Unterboden ebenfalls sehr hoch ist, in einigen Fällen sogar höher als im Oberboden.

Die Auswirkungen der Brandrodung und die Folgen der anschließenden intensiven langjährigen Nutzung sind vielfach untersucht und beschrieben worden. ASIO et al. (1998) haben den Einfluss von verschiedenen Landnutzungssystemen bezüglich organischer Substanz und

Nährstoffverfügbarkeit auf den Philippinen untersucht. Sie kommen zu dem Ergebnis, dass eine Änderung der Landnutzung zu einer Abnahme der organischen Substanz, des gesamten und verfügbaren Stickstoffgehalts und des pflanzenverfügbaren Kaliums führt. Dieses deckt sich mit den in dieser Arbeit gewonnenen Daten. Hingegen verzeichnen ASIO et al. einen Anstieg des pH-Wertes und des pflanzenverfügbaren Calciums und Magnesiums. Dieses Verhalten ist im mennonitischen Landnutzungssystem nicht erkennbar, nach fünfjähriger Nutzung sinken die Ca- und Mg-Konzentrationen stark ab. Phosphor zeigte in beiden Untersuchungen keine ausgeprägten Unterschiede.

	BARBER et al. (1996)[a]	HAASE (1992)[b]	Eigene Untersuchung[c]
Sand [%]	66	38	44
Schluff [%]	14	46	26
Ton [%]	20	16	31
org. Substanz [%]	1,7	2,7	2,2
N_t [%]	0,09	0,13	0,15
pflanzenverfügb. P [mg/kg]	11,4	-	21,2
PH	6,9	4,6	5,0
Lf [µS/cm]	221	-	169
Ca [$cmol_c$/kg]	8,0	4,1	6,9
Mg [$cmol_c$/kg]	0,5	1,0	3,7
Na [$cmol_c$/kg]	0,13	0,2	0,03
K [$cmol_c$/kg]	0,2	0,18	0,3
Basensättigung [%]	97,8	100	94,1
KAK [$cmol_c$/kg]	9,03	5,49	11,6

Tab. 23: Vergleich ausgewählter Bodeneigenschaften

(a) 0-15 cm eines Typic Haplustalf, 2 Jahre nach Rodung, Saavedra Agricultural Experimental Station, Bolivien
(b) 0-15 cm eines Typic Tropudalf, nicht überfluteter, immergrüner Tieflandsregenwald
(c) 0-20 cm des Typic Haplustalf, 1 Jahr nach der Rodung, „El Dorado“

HAASE (1992) untersuchte physikalische und chemische Bodeneigenschaften von Savannenböden in Nordbolivien und kommt zu dem Ergebnis, dass pH-Werte, Basensättigung und auch gesamtaustauschbare Basen, vor allem Calcium, in Waldböden grundsätzlich höher sind als in Böden unter Gras- bzw. Buschland. Einen Vergleich mit einem Typic Tropudalf eines nichtüberfluteten immergrünen Tieflandregenwaldes mit der vorliegenden Untersuchung liefert die Tabelle 23. Auch die von BARBER et al. (1996) untersuchten Bodeneigenschaften nördlich von Santa Cruz (a) weisen ähnliche Ergebnisse auf, wie die frisch gerodete Fläche in El Dorado (c). Auffällig ist die sehr gute Magnesiumversorgung in der Mennonitenkolonie, dies wird an der Kationenaustauschkapazität deutlich.

	C_t	N_t	K	Ca	Mg	Quelle
laubwerfender Chacowald Bolivien	49427	6724	1190	6350	839	diese Arbeit
Ostkalimantan Tieflandsregenwald	54900	4300	210	43	59	RUHIYAT 1989
Venezuela Gran Sabana Wald	93800	6300	141	77	90	DEZZEO 1990
Brasilien Tieflandregenwald	65700	4300	58	~0	17	KLINGE 1976
Saisonierter Regenwald Elfenbeinküste (FCB)	98100	10368	594	8309	658	GEROLD 1997
Saisonierter Regenwald Elfenbeinküste (FC Songan)	67600	4292	117	59	94	GEROLD 1997
Primärwald Bolivien (Fatima)	57700	5266	410	3368	497	BLASCHKE 1998
Primärwald Bolivien (Puquio)	64926	5986	363	5518	552	BLASCHKE 1998
Sekundärwald Coca/Ecuador (Typic Udivitrands)	64715	5088	60	318	69	SCHAWE 1998

Tab. 24: Nährstoffvorräte im Mineralboden (0-30cm) verschiedener tropischer Tieflandsregenwälder [kg/ha]

Die Tabelle 24 zeigt die Nährstoffvorräte in verschiedenen tropischen Tieflandsregenwäldern. Es wird deutlich, dass der laubabwerfende Chacowald dieser Untersuchung sehr gut mit Nährstoffen versorgt ist. Mit Ausnahme des C_t-Gehaltes hat der in dieser Arbeit untersuchte Waldboden eine sehr gute Nährstoffversorgung. Auffällig ist der sehr hohe Kalium- und Magnesiumvorrat. SCHWANTAG et al. (1999) ermittelten den Einfluss der Landnutzung auf vertikale Wasserflüsse in brasilianischen Savannenböden. Dabei wird das Ausmaß von Nährstoffverlusten aus dem Boden als Maß für die Nachhaltigkeit betrachtet. Auf einem Direktsaat-Acker wurde eine um Faktor 10 geringere gesättigte Leitfähigkeit gemessen als auf einer naturnahen Cerrado-Fläche (Guelph-Permeameter). Im Vergleich dazu weist ein konventioneller Acker eine noch geringere gesättigte Leitfähigkeit auf als unter Direktsaat, ein Vorteil des „no tillage“-Verfahrens (vgl. Kap. 8).

LILIENFEIN et al. (1999) haben den Verlauf der Nährstoffkonzentrationen in der Bodenlösung unterschiedlich bearbeiteter Ackerböden in der brasilianischen Savanne zu Beginn der Regenzeit untersucht. Sie kommen zu dem Ergebnis, dass sich die chemischen Eigenschaften der Bodenfestphase bei einer pfluglosen Bearbeitung nicht signifikant verändern (nach vier Jahren). Die chemische Zusammensetzung der Bodenlösung hingegen weist eine deutliche

Beeinflussung auf (verstärkte Bodenversauerung, höhere Mineralisationsraten, höhere TOC-Konzentrationen, höhere Nährstoffkonzentrationen im Unterboden). Die Bodenlösung konnte im Rahmen der vorliegenden Untersuchung nicht analysiert werden. Es ist jedoch davon auszugehen, dass sich auch die Bodenlösung durch die Dauer der landwirtschaftlichen Nutzung in den Mennonitenkolonien negativ verändert hat (Nährstoffabnahme).
ESSIET (1990) kommt in Nigeria zu dem Ergebnis, dass großflächige Bewässerungsnutzung eine deutlich höhere Bodendegradation mit sich bringt als eine kleinbäuerliche Bewirtschaftung. Die stärkste Degradation ist dabei der Verlust an Feinbodenpartikeln. Um eine dauerhafte landwirtschaftliche Nutzung zu gewährleisten, empfiehlt ESSIET eine Düngung der kleinbäuerlichen Flächen und eine bodenschonendere Landnutzung der groß angelegten Bewässerungsflächen.

Durch anthropogen bedingte Nutzungseingriffe in tropische Waldgesellschaften stellt GEROLD (1991a,b,c) die daraus resultierenden pedoökologischen Folgen zusammen, demnach „kommt es zu:

1. einer erheblichen Verminderung der vegetationsgebundenen Nährelementvorräte durch Nährstoffentzug der Kulturpflanzen und durch Brand;
2. einer Öffnung des Bioelement-Kreislaufs mit Verlust des Wurzelfilzes und damit hohen Auswaschungsraten;
3. schnellem Humusabbau und damit bedeutender Verminderung der Kationenaustauschkapazität sowie der mineralisierten Nährelemente;
4. Verlusten des gesamten Oberbodens durch Erosion." (GEROLD 1991b, S. 27)

Diese durch Rodung, anschließendem Brand und intensiver landwirtschaftlicher Nutzung bedingten Folgen sind auch anhand der vorangegangenen Ausführungen in der vorliegenden Untersuchung erkennbar. Weitere pedoökologische Folgen ergeben sich aus der physikalischen und chemischen Zusammensetzung der untersuchten Böden:

- Verschlechterung der bodenphysikalischen Eigenschaften (erhöhte Lagerungsdichten durch Bodenverdichtung, damit einhergehend: geringeres Porenvolumen und Einschränkung im Luft- und Wasserhaushalt)
- Verschlechterung der bodenchemischen Eigenschaften, da keine Düngergaben erfolgen.

Die von WEISCHET (1977, 1986) benannte „ökologische Benachteiligung der Tropen" wurde in den letzten zwanzig Jahren nach und nach eingeschränkt (u.a. GEROLD 1991a,b,c). So zählen auch die nährstoffreichen jungen Alluvialsedimente im Tiefland am bolivianischen östlichen Andenrand eindeutig zu den Gunsträumen, die für eine landwirtschaftliche Nutzung auch intensiverer Art durchaus geeignet sind.

8. Schlussfolgerung und Ausblick

In der vorliegenden Untersuchung wurden die pedoökologischen Folgen des mennonitischen Landnutzungssystems erarbeitet. Parallel dazu werden von KARSTEN (2000) die Folgen des *chaqueado*-Systems kleinbäuerlicher Betriebe aufgezeigt. Beide Untersuchungen im direkten Vergleich werden die Unterschiede dieser beiden Landnutzungssysteme aufzeigen können.

Auf der Konferenz der Vereinten Nationen für Umwelt und Entwicklung im Juni 1992 in Rio de Janeiro wurde die Agenda 21 als Aktionsprogramm für das 21. Jahrhundert von mehr als 170 Staaten unterzeichnet (BMU 1997). Dabei wird insbesondere auf den Rückgang der Bodenfruchtbarkeit in den Entwicklungsländern eingegangen, als gravierendes Problem wird die Erschöpfung der Pflanzennährstoffe herausgearbeitet. Dieses wird von den Ergebnissen der vorliegenden Untersuchung unterstrichen. Demnach soll eine nachhaltige Versorgung mit Pflanzennährstoffen gewährleistet werden, „um somit eine Steigerung künftiger Erträge ohne Schädigung der Umwelt und der Bodenfruchtbarkeit zu erreichen" (BMU 1997). In der Agenda 21 wurde das Ziel formuliert, in den Entwicklungsländern, in denen das Bevölkerungswachstum mehr als 3 % pro Jahr beträgt, „die Agrarproduktion um mindestens 4 Prozent pro Jahr ohne Zerstörung der Bodenfruchtbarkeit zu steigern. Dies setzt eine Erhöhung der Agrarproduktion auf Böden mit hohem Ertragspotential durch einen effizienteren Produktionsmitteleinsatz voraus. Von entscheidender Bedeutung sind hierbei gut ausgebildete Arbeitskräfte, eine ausreichende Energieversorgung, angepaßte Geräte und angepaßte Technologien, Pflanzennährstoffe und die Bodenverbesserung" (BMU 1997, S. 120).

In Bolivien liegt die Bevölkerungszunahme mit 2,3 % knapp unter der festgelegten Grenze, dennoch sollten die geforderten Maßnahmen auch hier Anwendung finden:

„Die Regierungen sollen auf der entsprechenden Ebene mit Unterstützung der einschlägigen internationalen und regionalen Organisationen

a) Strategien entwickeln und anwenden, mit denen die Aufrechterhaltung der Bodenfruchtbarkeit zur Gewährleistung einer nachhaltigen Agrarproduktion verbessert werden kann, und die dafür erforderlichen agrarpolitischen Instrumente dementsprechend anpassen;

b) Organische und anorganische Quellen von Pflanzennährstoffen in ein System zur Aufrechterhaltung der Bodenfruchtbarkeit einbinden und den Bedarf an mineralischem Dünger ermitteln;
c) Den Nährstoffbedarf von Pflanzen bestimmen und Strategien anbieten und gegebenenfalls den Einsatz organischer und mineralischer Nährstoffquellen optimieren, um die landwirtschaftliche Effizienz und Produktion zu steigern;
d) Verfahren für die Rückführung organischer und anorganischer Abfallprodukte in das Bodengefüge ohne Beeinträchtigung der Umwelt, des Pflanzenwachstums und der menschlichen Gesundheit entwickeln und unterstützen;[...]
e) Eine „nationale Gesamtrechnung" für Pflanzennährstoffe einschließlich Nährstoffzufuhr (Input) und Nährstoffverlust (Output) aufstellen und auf die einzelnen Anbausysteme bezogene Bilanzen und Prognosen erstellen;
f) Das technische und wirtschaftliche Potential von Pflanzennährstoffquellen einschließlich der nationalen Vorkommen, einer besseren Versorgung mit organischem Dünger, Rückführung, Abfallprodukten, aus organischem Abfallmaterial produziertem Oberboden und der biologischen Stickstofffixierung überprüfen.

Die entsprechenden Organisationen der Vereinten Nationen wie etwa die FAO, die internationalen Agrarforschungsinstitute und nichtstaatliche Organisationen sollen bei der Durchführung von Aufklärungs- und Motivationskampagnen über das integrierte Pflanzennährstoffkonzept sowie über die Effizienz der Bodenproduktivität und ihre Beziehung zur Umwelt zusammenarbeiten".

Quelle: BMU 1997, S. 120 f.

Die bereits intensiv genutzten Flächen im bolivianischen Tiefland eignen sich im Sinne einer nachhaltigen Landwirtschaft sehr gut zur Steigerung der Nahrungsmittelproduktion in Bolivien. Dabei müssen jedoch verschiedene Aspekte im Rahmen der Regionalplanung beachtet werden; als Handlungsanweisungen lassen sich aufgrund der vorliegenden Arbeit folgende Punkte herausarbeiten:

- Einführung von Direktsaat
- Angepasste Fruchtfolge
- Errichtung von Windschutzstreifen
- Landwirtschaftliche Beratung und Schulung
- Einführung von Bewässerung und Düngung und gleichzeitige Herausnahme von Flächen aus der landwirtschaftlichen Nutzung

1. Einführung von Direktsaat

Die Direktsaat *(‚no-tillage'*, *‚zero-tillage'* bzw. *‚direct planting'*) als Bearbeitungsform ist eine gute Möglichkeit, der Ressourcendegradierung des Bodens im bolivianischen Tiefland vor allem auf den intensiv genutzten Flächen der Mennoniten entgegenzuwirken. Zum einen ist davon auszugehen, dass man damit sowohl die äolische Erosion als auch die Erosion durch Wasser (z. B. Splash-Erosion mit kinetischer Energie der Wassertropfen) deutlich verringern kann. Durch die ganzjährig bestehende Pflanzendecke werden die Feinpartikel des Bodens vor der sonst intensiven Deflation geschützt (MORGAN 1999). Durch die damit einhergehende Mulchdüngung ist eine Anreicherung der Nährstoffe zu erwarten, vor allem könnte damit der Gehalt an organischer Substanz stabilisiert werden, welcher anhand dieser Studie eindeutig als Mangelfaktor herausgearbeitet worden ist. Eine Kombination aus Direktsaat und zusätzlicher Stickstoffdüngung erzielt einen deutlichen Anstieg der organischen Substanz (Tabelle 25a).

N-Düngung t/ha/Jahr	Org. Substanz [%] nach No-tillage	Org. Substanz [%] nach Conventional tillage
0	4,10	2,40
84	4,93	2,53
168	4,28	2,45
336	5,40	2,73

Tab. 25a: Auswirkung der Bearbeitungstechnik in Kombination mit N-Düngung (nach THOMAS 1993, zit. in STEINER 1998)

Eine Untersuchung von DERPSCH et al. (1986) in Brasilien zeigt, wie positiv sich die Direktsaat auf die Bodenfauna auswirkt (Tabelle 25b), dieses wäre ein weiterer ausschlaggebender Vorteil dieser Bearbeitungstechnik (vgl. auch DERPSCH et al. 1988).

	Conventional tillage	Conservation tillage	No-tillage
Regenwürmer/m² (3/1979)	5,8	7,5	13,0
Regenwürmer/m² (11/1981)	3,2	5,2	27,6
Anthropoden/300 cm³ Soja/Weizen	7,0	-	33,0
Soja/Deckfrucht	23,0	-	192,0

Tab. 25b: Vergleich der Bodenfauna unter verschiedenen Bearbeitungstechniken (nach DERPSCH et al. 1986)

Die Vorteile der „*no tillage*"-Technik als Bewirtschaftungsform im mennonitischen Landnutzungssystem lassen sich wie folgt zusammenfassen:

- Verringerung der Bodendegradation durch Wind und Wasser
- Schutz vor Austrocknung des Bodens durch Reduzierung der Verdunstung, Verbesserung der Bodenwasserbilanz
- Erhöhung der biologischen Aktivität (Bodenfauna)
- Positive CO_2-Bilanz
- Erhöhung des Gehaltes an organischer Substanz, auch durch verminderte Durchlüftung
- Verringerung des Arbeits-, Zeit- und Energieaufwandes für die Bodenbearbeitung
- Erhöhung des Wasser- und Nährstoffspeichervermögens
- Schonung der Bodenstruktur (höhere Aggregatstabilität)

Negative Auswirkungen sind:

- Verstärkte Unkrautkontrolle, evtl. erhöhter Pestizideinsatz
- Steigende Anforderungen an das Management
- Innovation, Veränderung bisheriger Techniken

Vor allem in Lateinamerika hat sich das Direktsaat-Verfahren in den letzten Jahren zunehmend etabliert (LINKE 1998, S. 29). So werden in Brasilien bereits 6 Millionen Hektar und in Argentinien 3 Millionen Hektar in dieser Form bewirtschaftet. In Paraguay ist ein Anstieg von 20.000 ha (1992) auf 230.000 ha (1996) zu verzeichnen (STEINER 1998, S. 4). In Bolivien wurde diese nachhaltige Bodennutzung bislang nicht gezielt gefördert.
Nach BOLI & ROOSE 1996 (zit. in STEINER 1998) sollte vor Einführung des Direktsaatverfahrens bei verhärteten Horizonten eine Bodenlockerung durch ‚*subsoiling*' durchgeführt werden, was auch in den mennonitischen Kolonien in Bolivien unbedingt ratsam wäre.
Die oben erwähnten Möglichkeiten einer verbesserten Bodennutzung wäre aus wissenschaftlicher und bodenkundlicher Sicht durchaus sinnvoll, wobei es jedoch schwierig sein dürfte, die Mennoniten mit ihrer religiösen Einstellung davon zu überzeugen.

Nach persönlicher Mitteilung von Rolf Derpsch (Proyecto „Conservación de Suelos“ MAG-GTZ, Asunción, Paraguay) gibt es in Paraguay viele mennonitische Kolonien, die nacheinander auf Direktsaat umgestiegen sind. Die Kolonien Sommerfeld und Friesland betreiben auf 100 % ihrer Flächen Direktsaat, 80 % sind es in den Kolonien Volendamm, Rio Verde, Manitoba und Santa Clara und 70 % in Bergthal. Auch die Kolonien im deutlich trockeneren Chaco fangen seit ein paar Jahren mit der Direktsaat an. Im Rahmen des Projektes in Paraguay wurde die Erfahrung gemacht, dass auch die sehr traditionellen Mennoniten schnell zur Direktsaat übergehen, sobald sie merken, dass man mit weniger Arbeit mehr Geld verdienen kann und gleichzeitig dauerhaft die Erträge erhöhen kann, da keine Bodenverluste durch Erosion und keine Humusverluste durch Bodenbearbeitung entstehen. DERPSCH ist der Meinung, dass man nicht durch Brache sondern durch Maximierung der Produktion an organischer Substanz und Verzicht auf Bodenbearbeitung die Bodenfruchtbarkeit regenerieren kann.

DERPSCH (1999) stellt die weltweite Entwicklung der Direktsaat zusammen. Dabei wird deutlich, dass Paraguay prozentual mit 52 % der gesamten Anbaufläche unter Direktsaat weltweit an der Spitze liegt. Bolivien hingegen steckt noch in den Kinderschuhen. Zwar wurden 1986 erste Versuche gestartet, die Direktsaat im bolivianischen Tiefland einzuführen, wobei wissenschaftliche Untersuchungen jedoch keine positiven Ergebnisse lieferten (DERPSCH 1998). Im Sommer 1996/97 waren 102.000 ha in der Region Santa Cruz unter no-tillage-Bewirtschaftung, überwiegend mit Soja, aber auch Mais, Reis und Baumwolle. Im Winter 1996 wurden 35.000 ha Weizen durch Direktsaat bestellt (DERPSCH 1998).

Da bei den Mennoniten im Untersuchungsgebiet dieser Arbeit zur Zeit kein Wissen bezüglich der Direktsaat vorhanden ist, liegt hier ein großes Potential vor, diese Bewirtschaftungsform einzuführen.

2. Angepasste Fruchtfolge

Bei den Befragungen im Rahmen dieser Untersuchungen ist deutlich geworden, dass die Mennoniten ihre Fruchtfolgen in erster Linie nach dem eigenen Bedarf an Futtermaterial und nach dem Preis der einzelnen ‚*cash crops*' auf dem Markt richten. Es scheint kein Bewusstsein dafür vorhanden zu sein, welche Fruchtfolgen für den Boden schonender sind und somit langfristig gute Erträge sichern können. Es wäre wichtig, dieses Bewusstsein zu fördern bzw. das dazu benötigte Wissen an die Landwirte heranzutragen. So ist es sinnvoll, die beiden Hauptanbauprodukte in der Region Soja (als Leguminose) und Sorghum parzellenweise rotieren zu lassen. Bislang wird häufig über Jahre hinweg die gleiche Frucht ohne Rotation auf ein und derselben Fläche angebaut.

DERPSCH et al. (1988) stellen für Südbrasilien die Fruchtfolge Sojabohnen, Lupinen, Mais und Weizen als besonders bewährt zusammen. Der Vorteil dabei ist, dass 50 % Leguminosen und 50 % Gramineen zum Einsatz kommen und sich diese jeweils gut ergänzen (MORGAN 1999). Eine derartige Fruchtfolge wäre auch übertragbar auf die Flächen im mennonitischen Landnutzungssystem im Oriente Boliviens. Damit wären deutlich höhere Erträge zu erzielen, gleichzeitig würde damit eine Reduzierung von Krankheiten und Schädlingen erreicht werden (ELLENBERG 1984). Zudem kann die Fruchtfolge einen entscheidenden Einfluss auf die Wasserinfiltration haben und dadurch den Erosionsprozess beeinflussen. Die Kombination von Direktsaat und Fruchtfolge kann die Fruchtbarkeit der landwirtschaftlich intensiv genutzten Böden langfristig erhalten.

3. Errichtung von Windschutzstreifen

Ausbau und Erhaltung der Windschutzstreifen ist in der Region um Santa Cruz de la Sierra dringend geboten. Bestehende *cortinas rompevientos* müssen erhalten und gepflegt werden. Lücken in bestehenden Pflanzungen müssen geschlossen werden. Wo die Streifen gänzlich fehlen, sollten sie neu angelegt werden. In neu gegründeten Kolonien, wie beispielsweise in El Dorado, sollte darauf geachtet werden, dass um jede neu gerodete Parzelle mindestens ein fünf bis zehn Meter breiter Streifen mit der Primärvegetation bestehen bleibt. KRAUSE & LORENZ (1979) sehen für einen Boden mit lehmigen Sand bzw. sandigen Lehm eine Streifenbreite von acht bis 30 m vor.

4. Landwirtschaftliche Beratung und Schulung

Um die oben genannten Ansätze umsetzen zu können, ist eine Förderung und Einrichtung von landwirtschaftlichen Beratungsmöglichkeiten dringend notwendig. Dabei wird sich jedoch die Akzeptanz der Mennoniten und deren Inanspruchnahme von fremder Hilfe und Unterstützung voraussichtlich als sehr schwierig gestalten. Ein hemmender Faktor ist die soziale Abgrenzung der Mennoniten und deren nicht vorhandene Integration in die Gesellschaft. So erstellte GISBRECHT 1991 ein Gutachten über die Probleme bezüglich des Beitritts von Mennoniten zur ANAPO, der Produzentenvereinigung von Ölpflanzen und Weizen im Tiefland Boliviens (Asociacion de productores de oleaginosas y trigo). Dabei stellte sich heraus, dass die Mennoniten grundsätzlich ein nur sehr geringes Interesse haben, sich außerhalb der Kolonie zu engagieren und sich zu Interessensverbänden zusammenzuschließen. Besonders die Führung der Kolonie Riva Palacios sei sehr schwer zugänglich, eine Zusammenarbeit wird quasi ausgeschlossen. Als Hauptgrund wird sehr häufig angegeben, dass die Religion eine Zusammenarbeit mit der ANAPO nicht erlaube. Eine solche Zusammenarbeit könnte mit verbesserten Anbautechniken, vor allem im Hinblick einer nachhaltigen Landnutzung, zu positiven Ergebnissen führen.
Informationen in Form von kleinen Veröffentlichungen (Faltblätter und Handbücher) gibt es mittlerweile in zahlreichen Facetten (z.B. CIAT 1980, 1986, 1996, BARBER & DIAZ 1989, CIAT/ANAPO 1991, BARBER, NAVARRO & ORELLANA 1993, BARBER 1994a, CIAT/MBAT 1995, CANDIA et al. 1997, ANAPO/CIAT 1998a,b,c). Dieses Wissen kommt allerdings nur zu selten bei den Landwirten an, so dass hier eine gezielte Verteilung wichtig wäre.

5. Einführung von Bewässerung und Düngung und gleichzeitige Herausnahme von Flächen aus der landwirtschaftlichen Nutzung

Die Einführung von Bewässerung und Düngung im mennonitischen Landnutzungssystem wäre durchaus sinnvoll, um der kontinuierlichen Abnahme der Nährstoffkonzentrationen entgegenzuwirken. Dabei stehen jedoch zwei konträre Aspekte gegenüber: Die religiöse Einstellung der Mennoniten, Düngemittel abzulehnen, und der Bedarf der Kulturpflanzen an einen verstärkten Nährstoffinput.

Ferner ist eine Intensivierung von landwirtschaftlichen Nutzflächen (zum Beispiel die der mennonitischen Kolonien) sinnvoll, um im Gegenzug andere sensiblere Flächen unter Schutz zu stellen (z.B. Andenrandzone). Es stellt sich jedoch die Frage, inwieweit mit einer solchen Intensivierung der Nutzung und der damit einhergehenden Steigerung der agrarischen Produktivität ökologische Schäden in Kauf genommen werden dürfen (vgl. REHM 1983, Produktionssteigerung contra Produktionssicherung).
Im Rahmen weiterer Forschungen wäre es interessant, die in dieser Arbeit verwendete „*falsche Zeitreihe*" weiterhin zu beobachten und in einigen Jahren ggf. in anderen Projektuntersuchungen wiederholt zu beproben, um somit zusätzlich eine „*echte Zeitreihe*" aufstellen zu können. Damit wäre die Darstellung der chemischen und physikalischen Zusammensetzung der Böden im zeitlichen Verlauf und die Entwicklung ihrer weiteren pedoökologischen Folgen gewährleistet. Weiterer Forschungsbedarf liegt im Rahmen der Satellitenbildauswertung vor. Zum einen ist die Erfassung der Waldkonversion über Satellitenbilder interessant (‚*change detection*', vgl. HAHN 1997), zum anderen stellt sich die Frage, ob die Bodendegradation auch mit Hilfe von Fernerkundungsdaten ermittelt werden kann.

Wie zu Beginn dieser Arbeit mit den einleitenden Worten zitiert wurde, fordert die AGENDA 21 Untersuchungen zu den Veränderungen der traditionellen Landnutzung. Dieser Forderung wurde mit der vorliegenden Untersuchung genüge getan. Im Rahmen der dargestellten Ergebnisse und ihrer Bewertung wurde deutlich, dass allein bei der Betrachtung des Pedons deutliche ökologische Folgen und Schäden vorhanden sind. Diesen pedoökologischen Folgen kann man jedoch mit einer verbesserten nachhaltigen Ressourcenbewirtschaftung entgegenwirken.

9. Zusammenfassung

Die vorliegende Studie „Pedoökologische Folgen des mennonitischen Landnutzungssystems im Oriente Boliviens (Departamento Santa Cruz)“ entstand im Rahmen des Kooperationsvertrages zwischen der Georg-August-Universität und der Universität Mayor de San Andres in La Paz/Bolivien. Thematisch eingebunden war die Untersuchung in das GTZ-Vorhaben „Nachhaltige Bewirtschaftung der natürlichen Ressourcen im Departement Santa Cruz“. Sie stellt einen Beitrag zur Charakterisierung der bodenchemischen und -physikalischen Veränderungen traditioneller und moderner Landnutzungssysteme im Tiefland Boliviens dar.

Ziel der Arbeit war die agrarökologische Bewertung der Bodenqualität und des Bodennutzungspotentials und die Erfassung der Bodendegradation auf landwirtschaftlich intensiv genutzten Flächen unterschiedlichen Alters innerhalb einer *„falschen Zeitreihe“*.

Das Untersuchungsgebiet liegt bei 18°08,09‘ S und 63°02,50‘ W in den Mennonitenkolonien Riva Palacios und El Dorado (Gnadenhoff). Es herrscht ein sommerhumides Aw-Klima vor mit einer ausgeprägten Trockenzeit von Mai bis Oktober. Quartäre Alluvialsedimente bilden das Ausgangssubstrat für die Bodengenese.

Seit 29 Jahren wird in dieser Region von den Mennoniten eine intensive Landwirtschaft mit großem Maschineneinsatz betrieben. Dabei kommt es weder zu Brachezeiten noch zu einem Verzicht auf die Bodenbearbeitung. Hauptanbauprodukte sind Soja und Sorghum. Die Böden sind als Typic Haplustalfs (FAO: Haplic Luvisol) zu klassifizieren.

Diese Studie beschreibt zunächst die Landnutzung der Mennoniten, im Besonderen ihre Kolonisation, die Landrodung sowie den Anbau und ihre Bewirtschaftung.

Die laboranalytischen Untersuchungen haben gezeigt, dass die chemische Zusammensetzung der unbeeinflussten Böden unter Wald sehr gut ist. Sie sind reich an Nährstoffen, sowohl im Ober- als auch im Unterboden sind hohe Nährstoffgehalte gegeben. Die Nährstoffverfügbarkeit von Mg, Ca, Na und K ist gut, das pflanzenverfügbare Phosphor weist sehr hohe Gehalte auf.

Die Böden sind jedoch sehr stark den anthropogenen Einflüssen unterworfen. Innerhalb der *„falschen Zeitreihe“* ist zunächst ein deutlicher Anstieg der Nährstoffkonzentrationen zu verzeichnen, der bedingt ist durch die Brandrodung und der damit einhergehenden Freisetzung von Nährstoffen. Danach setzt eine graduelle Abnahme im zeitlichen Verlauf ein.

Nach der Betrachtung der bodenphysikalischen und -chemischen Parameter zeichnet sich bezüglich der Nährstoffversorgung eine deutliche Abfolge nach der Dauer der landwirtschaftlichen Nutzung ab:

1 Jahr nach der Rodung > Wald > 5 Jahre > 15 Jahre > 29 Jahre > 25 Jahre

Dabei lässt sich der nicht zu erwartende Anstieg einzelner Parameter der 25- zur 29-jährigen Fläche vermutlich durch die Beweidung von Vieh und dem daraus resultierenden Nährstoffeintrag begründen. Die 29 Jahre alte Nutzfläche liegt in unmittelbarer Nähe eines Betriebes, so dass hier im Gegensatz zu den anderen Flächen häufig eine Beweidung der Ernterückstände erfolgt.

Besonders deutlich wird die Degradation durch die landwirtschaftliche Nutzung anhand der organischen Substanz und des Gesamtstickstoffgehaltes. Das pflanzenverfügbare Phosphor ist der einzige Parameter, der keine Signifikanz zur Nutzung aufweist. Die Verschlechterung der bodenchemischen Eigenschaften wird dadurch verstärkt, dass aus religiösen Gründen keine Düngergaben erfolgen.

Da die Böden jedoch so gut mit Nährstoffen versorgt sind, ist selbst nach 29 Jahren die Bearbeitung möglich, auch wenn dabei viele Flächen nach dieser langen Zeit in Weiden umgewandelt werden. Sukzessionsflächen existieren gar nicht im mennonitischen Landnutzungssystem.

Auch bezüglich der bodenphysikalischen Bodeneigenschaften sind starke Veränderungen auf Grund der Umwandlung von Wald- in Agrarflächen nachgewiesen worden. Die Verschlechterung wird anhand erhöhter Lagerungsdichten durch die Bodenverdichtung auf Grund der maschinellen Bearbeitung deutlich. Dadurch folgt ein geringeres Porenvolumen und Einschränkungen im Luft- und Wasserhaushalt. Verstärkt wird dieser Sachverhalt durch die ausschließliche Verwendung von Stahlbereifungen bei der Bearbeitung.

Zur Vermeidung zukünftiger Bodendegradation lassen sich verschiedene Konsequenzen folgern. Zum einen erscheint die Einführung von Direksaat als Bewirtschaftungsmethode für die Mennoniten als unbedingt ratsam. Verbunden mit einer angepassten Fruchtfolge und der Errichtung und Erhaltung von Windschutzstreifen kann man der Degradation in großem Maße entgegenwirken. Wichtig dabei ist eine gute landwirtschaftliche Beratung und Schulung der mennonitischen Landwirte. Zu guter Letzt wäre die Einführung von Bewässerung und Düngung und eine gleichzeitige Herausnahme von anderen Flächen aus der landwirtschaftlichen Nutzung ratsam. Damit wäre eine Sicherung, ja sogar eine Steigerung der Nahrungsmittelproduktion auch im Sinne einer nachhaltigen Landwirtschaft möglich.

10. Resumen

El presente estudio "Las consecuencias pedoecológicas del uso de tierra de los mennonitas en el oriente de Bolivia, en el departamento de Santa Cruz" nació del convenio de la Georg-August-Universidad Göttingen y de la universidad Mayor de San Andrés La Paz/Bolivia. Esta investigación es temáticamente integrada en el proyecto de la Cooperación Técnica Alemana (GTZ GmbH) "Uso sostenible de los recursos naturales del departamento Santa Cruz". El análisis contribuye a la caracterización de los cambios en el suelo en dos diferentes sistemas de uso de tierra: un sistema tradicional de minifundistas bolivianos y el sistema moderno de los menonitas.

Los objetivos principales y las preguntas esenciales del trabajo son los siguientes:

- Una evaluación y un análisis de la calidad de los suelos y el potencial del uso de tierra en la región de los menonitas. Cuáles de los nutrientes están presentes y disponibles, cuáles están limitados y cuáles tienen quizás una concentración tóxica?
- Descripción del uso de tierra de los menonitas: la colonización, el desmonte y el cultivo.
- Hay una degradación del suelo debido a la agricultura muy intensiva?

- En caso de una degradación, para cuál de los parámetros existe un gradiente significativo?
- Cuáles son las posibilidades de evitar o prevenir a la degradación de suelos en el futuro?
- Hay propuestas de cambio: riego, uso de fertilizantes, asesoramiento agronómico, rotación de cultivos, labranza mínima del suelo, siembra directa?

Con la reforma del año 1953 y el programa económico de 1954 el desarrollo del oriente de Bolivia se ha intensificado con todas las consecuencias para el medio ambiente. En el territorio cruceño, un de los primeros centros de colonización en Bolivia, muchas colonias fueron fundadas. A través de la colonización se formaban varias modificaciones del uso de la tierra y también del medio ambiente.

La vegetación original, sobre todo las selvas tropicales y el chaco, fue sustituida por sistemas agropecuarios. Tal modificación se ha intensificada a través del crecimiento de la población y del progreso técnico.

Por un lado emigrantes espontáneos están ejecutando los sistemas tradicionales de la agricultura aplicando la técnica de corte y quema. Por otra parte la colonización moderna y planificada está bastante más tecnificada aplicando el uso de máquinas pesadas para el desbosque antes del cultivo. Como todos los cambios del medio ambiente tropical, los sistemas agropecuarios aplicados causan cambios referente al potencial de los suelos tropicales, especialmente respecto a la fertilidad.

El área de investigación está en las colonias de los menonitas "Riva Palacios y El Dorado (Gnadenhoff)" en el sur de Santa Cruz de la Sierra [18°08,09' S y 63°02,50' W]. La colonia Riva Palacios se fundó en el año 1969, así que tiene 30 años. "El Dorado" se fundó 1996, hace tres años. En Riva Palacios viven casi 6000 menonitas. Porque no hay suficiente tierra, (30.000 hectáreas) ellos han comprado 12.000 ha en el sur, la colonia "El Dorado". En total viven 33.000 menonitas en Bolivia. El clima en el verano es húmedo con una sequía de mayo a octubre, y las máximas de lluvia son en el diciembre y enero / febrero. Un aspecto natural muy importante en la región es la lluvia. El promedio anual de la lluvia en el campo 15 en la colonia Riva Palacio es casi un mil cien milímetros.

Hay años con menos de quinientos milímetros (por ejemplo 1976) y años con más de mil ochocientos milímetros (1983). Hay una gran variabilidad de la lluvia y éste tiene una gran influencia por la agricultura. La agricultura depende mucho del tiempo, sobre todo de la lluvia.

En la región cerca de la ciudad de Santa Cruz de la Sierra, los menonitas practican desde hace 29 años una agricultura muy intensiva con una movilización de máquinas pesadas. Los menonitas no tienen áreas de barbecho y trabajan con una labranza intensiva. Los cultivos principales son soya y sorgo. El tipo de los suelos son Typic Haplustalfs según la US Soil taxonomy o Haplic Luvisols según la FAO. La situación geológica es el cuaternario con sedimentos aluviales. Hay un horizonte Ap, un horizonte eluvial y uno o dos horizontes con más arcilla.

Este estudio describe al principio el uso de tierra de los menonitas, en particular su colonización, el desmonte y el cultivo. Los menonitas desmontan los bosques con máquinas muy grandes. Con las máquinas pesadas ellos llevan los árboles sin cortar en filas y después ellos queman la madera. Cada familia tiene su parcela de 50 hectáreas.

Los análisis en el laboratorio mostraron, que la composición química de los suelos bajo bosque está muy bien. Hay mucho nutrientes, tanto en el subsuelo como en el suelo superior. La disponibilidad de los nutrientes magnesio, calcio, sodio y potasio es bueno y el fósforo disponible tiene contenidos muy altos.

Pero los suelos son sujetos de una influencia antropógena. Dentro de la *"línea falsa de tiempo"* al principio hay una subida notable de las concentraciones de los nutrientes, debido al desmonte por incendio y con este la liberación de nutrientes. Después hay una disminución gradual de los nutrientes en el transcurso temporal:

Un año después el desmonte > bosque > 5 años > 15 años > 29 años > 25 años.

Muy obvio es la degradación por el uso agrario en los parámetros materia orgánica y nitrógeno total. Bajo bosque el suelo superior tiene un contenido de 2,8 %, después de 29 años el contenido disminuye a 1,1 % (nitrógeno: disminución de 0,19 [bosque] a 0,09 % [29 años]). Fósforo disponible es el único parámetro que no tiene diferencias significativas por el cultivo. La

reducción de los nutrientes aumenta porque los menonitas no utilizan fertilizantes por causa de su religión.
Los suelos son tan buenos que los menonitas pueden usar los áreas agrícolas más de treinta años sin un barbecho. No hay áreas con una vegetación secundaria en las colonias.
También con respecto a las calidades físicas de los suelos hay cambios fuertes causado por la conversión de bosques en áreas agrícolas. Los cambios son obvios en la densidad aparente del suelo más alta (bosque: 1,23 g/cm^3, después 29 años: 1,43 g/cm^3). Otros resultados son una porosidad más baja y una reducción de la capacidad del aire y del equilibrio hídrico en los suelos. Este es una consecuencia de cultivar con máquinas fuertes, con tractores con ruedas de fierro. Los menonitas tienen solamente tractores con ruedas de fierro. Ellos quieren usar los tractores solamente por la agricultura, solamente en el campo y no como medio de transporte o para ir a la ciudad.
Ellos saben que hay una compactación con estas ruedas pero son muy conservativos y religiosos y por eso no hay innovaciones. En las colonias, por ejemplo, no hay electricidad o agua corriente. Tampoco no hay automóviles o radio o televisión, ni periódico, ni música y libros a excepción de la Biblia.

Para mitigar la degradación de los suelos en el futuro hay algunas cosas que podrían hacer:

1. adopción de la siembra directa,
2. rotación de cultivos
3. cortinas rompevientos
4. asesoramiento e instrucción agrícola
5. adopción de riego y fertilizante, sacar áreas agrícolas

Con estos procedimientos una protección de la producción de alimentos en el oriente de Bolivia es posible y quizás también un aumento en el sentido de un uso sostenible de la tierra.
Resumiendo se puede decir que la fertilidad de los suelos en general es buena, pero hay una gran disminución de los nutrientes y una degradación de los suelos por el uso de tierra muy intensivo. Por eso una rotación de cultivos, una labranza mínima del suelo o una siembra directa sería muy recomendable.

11. Summary

The investigation entitled "The pedo-ecological consequences of the Mennonite land-use-system in the lowlands of Bolivia (Department of Santa Cruz)" was developed within the framework of a co-operation agreement between the Georg-August-University and the University Mayor de San Andres in La Paz / Bolivia. The topic is integrated in the project of the German Technical Cooperation (GTZ GmbH) "Sustainable use of the natural resources in the department of Santa Cruz", which is executed from a German Consulting Company (Institut für Projektplanung). The aim of the project is to characterise the chemical and physical changes of the soil by traditional and modern land-use-systems in the lowlands of Bolivia.

Intention of the present study was the agrarian-ecological valuation of the soil quality and the land-use-potential as well as the registration of the soil-degradation from surfaces, which are agricultural intensively used, by means of a *false-time-series*.

The investigation site is located in the Mennonite-colonies Riva Palacios and El Dorado (Gnadenhoff) [18°08,09' S and 63°02,50' W].

Since 29 years local Mennonites are practising a very intensive form of agriculture with high frequentation of heavy machines without any periods of fallow. The main cultivation products are soybean and sorghum. The soils are classified as Typic Haplustalfs (FAO: Haplic Luvisol).

First, this study describes the land use of the Mennonites, in particular their colonisation, the clearing methods and their forms of cultivation and tillage.

The analyses have shown that the chemical composition of the natural soils in the forests without human impacts is very good with a high nutrient budget in the topsoil as well as in the subsoil. High availabilities of the nutrients magnesium, calcium, sodium, potassium and especially phosphor are given.

But indicated by human impact and changes in land use a strong transformation of the soil quality has occurred. First of all, a significant increase of the nutrient concentrations has to be stated in the *false-time-series*, which is caused by the clearance through burning and a resulting release of nutrients.

According to these results a decreasing gradient in temporal progression can be determined as follows:

1 year after clearing > forest > 5 years of land use > 15 years > 29 years > 25 years.

Land degradation is particularly expressed through the parameters soil organic carbon and nitrogen. The topsoil under the forest shows a content of organic matter of 2,8 %, after 29 years of land use the contents have decreased to 1,1 % (nitrogen: diminution from 0,19 [forest] to 0,09 % [29 years]). The only parameter showing no significant differences caused by enduring land use is available phosphor. The deterioration of the chemical soil properties is intensified by the fact that the Mennonites do not use any fertilisers because of their religious beliefs.

The nutrient availability of these soils is such good, that the Mennonites can use the fields up to 29 years without practising any form of fallow. There are no areas with second vegetation in the colonies.

Distinct changes of the physical properties can also be detected due to the conversion from forest to agrarian surface. As a result of dominating mechanical cultivation techniques with steel tired tractors, the deterioration can obviously be determined showing higher densities (forest: 1,23 g/cm^3, after 29 years: 1,43 g/cm^3). Consequences are a lower porosity and reduction of air capacity and water balance in the soil.

To avoid further soil degradation, different strategies could be pursued:

1. adoption of a direct-tillage-system
2. sensible crop rotation
3. protection against wind erosion in form of protective tracts
4. agricultural advices and training
5. adoption of irrigation and fertilizing, leaving out of agrarian areas from tillage or cultivation.

The development or realisation of such guidelines could contribute to maintenance or even growth of the food production and above all a sustainable land use in the lowlands of Bolivia.

12. Literaturverzeichnis

AG Boden (1994): Bodenkundliche Kartieranleitung. 4. Auflage. Hannover. 392 S.

AGRAR- UND HYDROTECHNIK GMBH (1973): Projecto de desarollo agroindustrial Abapo-Izozog. – Climatología.

AGRAR- UND HYDROTECHNIK GMBH (1975): Projecto de desarollo agroindustrial Abapo-Izozog. – Pedología, Essen

AGRAR- UND HYDROTECHNIK, OVERSEAS BECHTEL INCORPORATED & PRUDENCIO CLAROS Y ASOCIADOS (1977): Proyecto Rio Grande - Rositas. Desarrollo Multiple de Recursos de Agua y Agricultura. Informe de Factibilidad. Anexo I, Vol. I + II. Suelos para Agricultura, Estudio de Reconocimiento de Suelos + Estudios Detallados y Semidetallados de las Areas de Muestra y Apendices. San Francisco - La Paz - Essen.

AHLFELD, F. E. (1972): Geología de Bolivia. Editorial „Los Amigos del Libro". La Paz-Cochabamba, 191 S.

ANAPO/CIAT (1998a): Trigo - Recomendaciones Técnicas. Santa Cruz, Bolivien. 48 S.

ANAPO/CIAT (1998b): Recomendaciones Técnicas para el cultivo del Girasol. Santa Cruz, Bolivien. 54 S.

ANAPO/CIAT (1998c): Soya - Guía de Recomendaciones Técnicas. Santa Cruz, Bolivien. 80 S.

ANDREAE, B. (1965): Die Bodenfruchtbarkeit in den Tropen. Hamburg und Berlin. 124 S.

ASIO, V. B., JAHN, R., STAHR, K. & J. MARGRAF (1998): Soils of the tropical forests of Leyte, Philippines. II: Impact of different land uses on status of organic matter and nutrient availability. In: SCHULTE, A. & D. RUHIYAT (Hrsg.): Soils of Tropical Forest Ecosystems. Characteristics, Ecology and Management. Springer. S. 37-44.

ATANASIU, N. & A. WESTPHAL (1977): P-Verfügbarkeit u. P-Düngung auf Böden der humiden Tropen: Versuchsergebnisse aus Nigeria. In: Giessener Beiträge zur Entwicklungsforschung, Reihe I, Band 3. Tropeninstitut Giessen. Agrarwissenschaftliche Forschung in den humiden Tropen. S. 118-134.

BAHRENBERG, G., GIESE, E. & J. NIPPER (1990): Statistische Methoden in der Geographie Band 1, Univariate und bivariate Statistik. Stuttgart. 233 S.

BAHRENBERG, G., GIESE, E. & J. NIPPER (1992): Statistische Methoden in der Geographie Band 2, Multivariate Statistik. Stuttgart. 415 S.

BARBER, R. G. (1989a): Estudio de diagnosis de deficiencies de nutrients en los suelos del Dpto. de Santa Cruz por analisis foliar de cultivos y analisis de suelos. Informe No. 55, CIAT. 59 S.

BARBER, R. G. (1994a): Rotaciones de cultivos para zonas con 1000 a 1300 mm lluvia por ano en el Departamento de Santa Cruz, Bolivia. Capítulo 13. del „Manual del Manejo de Suelos para Agricultores Mecanizados“. CIAT, MBAT, BANCO MUNDIAL. Santa Cruz, Bolivia. 32 S.

BARBER, R. G. (1994b): Persistence of Loosened Horizons and Soybean Yield Increases in Bolivia. – In: Soil Science Society Am. Journal, 58, S. 943-950.

BARBER, R. G. (1995): Soil degradation in the tropical lowlands of Santa Cruz, Eastern Bolivia. Land Degradation and Rehabilitation Vol. 6, S. 95-107.

BARBER, R. G. (o.J.): Degradación de suelos en las tierras bajas tropicales de Santa Cruz, Oriente de Bolivia. – In: Capitulo 2 del „Manual del Manejo de suelos para Agricultores Mecanizados“. CIAT/MBAT Santa Cruz. 37 S.

BARBER, R. G. & D. ROMERO (1994): Effects of Bulldozer and Chain Clearing on Soil Properties and Crop Yields. – In: Soil Science Society Am. J., 58, S. 1768-1775.

BARBER, R. G. & F. NAVARRO (1994a): Efectos de la fertilizacion con cobre y la epoca de aplicacion de nitrogeno sobre los rendimientos de trigo (Brecha 5 1/2, Campo 102). Avances de Investigación No. 5. CIAT, MBAT, Banco Mundial. Santa, Cruz, Bolivia, 15 S.

BARBER, R. G. & F. NAVARRO (1994b): Recuperacion de los suelos degradados brecha 5 ½. Campo 102, Santa Cruz, Bolivia. PARTE I. La subsolación y comportamiento de los cultivos de descanso, verano 1989-90 hasta invierno 1991. Avances de Investigación No. 9. CIAT, MBAT, Banco Mundial. Santa Cruz, Bolivia. 49 S.

BARBER, R. G. & F. NAVARRO (1994c): La rehabilitación de suelos degradados en el oriente de Bolivia mediante el subsolado y la incorporación de cultivos de cobertura. - In: Avances de Investigación No. 11 (1994), CIAT, Santa Cruz, Bolivien.

BARBER, R. G. & F. NAVARRO (1994d): Evaluation of the characteristics of 14 cover crops used in a soil rehabilitation trial. Land Degradation & Rehabilitation, Vol. 5, S. 201-214.

BARBER, R. G. & F. NAVARRO (1994e): The rehabilitation of degraded soils in eastern Bolivia by subsoiling and the incorporation of cover crops. Land Degradation & Rehabilitation, Vol. 5, S. 247-259.

BARBER, R. G. & O. DÍAZ (1989): Guia sobre la selección y manejo de suelos para agricultura mecanizada de la zona este e integrada del Dept. de Santa Cruz. - In: Boletín No. 4 (1989), CIAT, Santa Cruz, Bolivien. 11 S.

BARBER, R. G. & O. DÍAZ (1992): Effects of deep tillage and fertilization on soya yields in a compacted Ustochrept during seven cropping seasons, Santa Cruz, Bolivia. Soil and Tillage Research, 22, S. 371-381.

BARBER, R. G. & O. DÍAZ (1994): Maintenance of Yields and Soil Fertility in Nonmechanized Cropping Systems, Bolivia. – In: Soil. Sci. Soc. Am J., 58, S. 858-866.

BARBER, R. G., BARBOSA, L. R. & O. DÍAZ (1987): A study of compaction in the young alluvial soils of the mechanized cropping areas of Santa Cruz, Bolivia. – In: Report No. 45, CIAT, Santa Cruz, Bolivia.

BARBER, R. G., HERRERA, C. & O. DÍAZ (1989): Compaction Status and Compaction Susceptibility of Alluvial Soils in Santa Cruz, Bolivia. Soil & Tillage Research, 15, S. 153-167.

BARBER, R. G., NAVARRO , F. & M. ORELLANA (1993): Labranza vertical. Capítulo 15 del „Manual del Manejo de Suelos para Agricultores Mecanizados". CIAT/MBAT/Banco Mundial. Santa Cruz, Bolivia. 32 S.

BARBER, R. G., NAVARRO, F., ORELLANA, M., ROJAS, E. & D. ROMERO (1992): Diagnostico de los problemas de suelos para agricultores mecanizados en las areas: Central, Las Brechas y Pailon - Los Troncos del Departamento de Santa Cruz, y las actividades a ser realizadas por la sección de suelos del CIAT, 1991-2000 adelante. Documento Interno No. 1, Sección de Suelos, CIAT/MBAT, Santa Cruz, Bolivia.

BARBER, R. G., ORELLANA, M., NAVARRO, F., DÍAZ, O. & M. A. SORUCO (1994): Comparacion entre tres sistemas de labranza conservacionista y labranza convencional con discos durante ocho estaciones de siembra en un „Haplustalf" tipico en Santa Cruz, Bolivia. Avances de Investigación No. 13. MBAT, CIAT, Santa Cruz, Bolivia, 52 S.

BARBER, R. G., ORELLANA, M., NAVARRO, F., DÍAZ, O. & M. A. SORUCO (1996): Effects of conservation and conventional tillage systems after land clearing on soil properties and crop yield in Santa Cruz, Bolivia. Soil & Tillage Research 38, S. 133-152.

BARBOSA, L. R. (1987): Efectos de subsolado y disco pesado sobre el crecimiento de la soya y las propiedades de un suelo compactado. Ing. Agrónomo Thesis, Universidad Autónoma „Gabriel René Moreno", Santa Cruz, Bolivia.

BARBOSA, L. R., DÍAZ, O. & R. G. BARBER (1989): Effects of Deep Tillage on Soil Properties, Growth and Yield of Soya in a Compacted Ustochrept in Santa Cruz, Bolivia. – In: Soil & Tillage Research, 15, S. 51-63.

BARROW, C. J. (1991): Land degradation: development and breakdown of terrestrial environments. Cambridge University Press, Cambridge, 295 S.

BECK, S. (1983): Vegetationsökologische Grundlagen der Viehwirtschaft in den Überschwemmungs-Savannen des Rio Yacuma (Departamento Beni, Bolivien). – Dissertationes Botanicae, Bd. 80, Göttingen, 186 S.

BEEK, K. J. & D. L. BRAMAO (1968): Nature and geography of South American Soils. In: FITTKAU, E. J., ILLIES, J., KLINGE, H., SCHWABE, G. H. & H. SIOLI: Biogeography and Ecology in South America, Vol. 1. Monographiae Biologicae Vol. 18 (P. VAN OYE [Hrsg.]), S. 82-112.

BENDER, PH. (1983): Un estudio de la situacion agropecuaria de los campesinos en las tierras bajas del oriente boliviano y un sistema propuesto de produccion para esta área. Comite Central Menonita-Programa en Bolivia. Santa Cruz, Bolivia. 32 S.

BLASCHKE, C. (1998): Aktuelle Landnutzung und Auswirkungen des traditionellen Brandrodungsfeldbaus auf die Bodenfruchtbarkeit in Lomerío (Chiquitania) - Bolivien. Unveröffentlichte Diplomarbeit am Geographischen Institut der Georg-August-Universität Göttingen, 116 S.

BMU (Bundesministerium für Umwelt, Naturschutz und Reaktorsicherheit) (1997): Umweltpolitik – Agenda 21. Konferenz der Vereinten Nationen für Umwelt und Entwicklung im Juni 1992 in Rio de Janeiro.-Dokumente-. Bonn, 359 S.

BOLIVAR MENACHO, JESUS (1978): Las Colonias Menonitas aporte y participacion en la produccion agropecuaria regional. Tesis de Grado, Universidad Boliviana Gabriel Rene Moreno, Facultad de Ciencias Sociales. Santa Cruz, Bolivia. 148 S.

BRUSSAARD, L. & R. FERRERA-CERRATO (Hrsg.) (1997): Soil ecology in sustainable agricultural systems. Proceedings of a symposium held at the 15th International Congress of Soil Sience, Acapulco, Mexiko, July 10-16, 1994. 168 S.

CANDIA, G., PAZ, C., SCOTT, R. & P. WALL (1997): Guia de siembra directa. Recomendaciones hechas por agricultores para agricultores. Editora EL PAIS, Santa Cruz, Bolivien. 46 S.

CARTER, M. R., GREGORICH, E. G., ANDERSON, D. W., DORAN, J. W., JANZEN, H. H. & F. J. PIERCE (1997): Concepts of soil quality and their significance. In: E. G. GREGORICH & M. R. CARTER: Soil quality for crop production and ecosystem health. Developments in Soil Science 25. Elsevier. S. 1-19

CEASE (Centro de Estudios para la acción socio-económica) (1997): Hacia un municipio productivo – Plan participativo de desarrollo municipal sostenible (1998-2002). Volumen I: Diagnóstico Municipal Consolidado (Municipio de Cabezas). 143 S.

CHANG, C. & C.W. LINDWALL (1992): Effects of tillage and crop rotation on physical properties of a loam soil. Soil & Tillage Research, 22, S. 383-389.

CIAT (1980): Efecto de los cultivos continuos sobre la fertilidad del suelo in las areas de colonización de Santa Cruz. – Santa Cruz, 29 p.

CIAT (1986): Guia práctica para el agricultor y el ganadero. CIAT, Santa Cruz, Boliva.

CIAT (1996): Arroz - Recomendaciones Técnicas. Santa Cruz, Bolivien. 81 S.

CIAT/ANAPO (1991): Recomendaciones Técnicas para el Cultivo de la Soya. Santa Cruz, Bolivien. 18 S.

CIAT/MBAT (1995): Alternativas para la integración de los sistemas agroforestales con manejo forestal. – In: Inf. Técnico N° 23, Santa Cruz.

CLAASSEN, N. (1994): Nährstoffaufnahme höherer Pflanzen aus dem Boden. 2. Auflage. Göttingen. 327 S.

COCHRANE, T. T. (1973): El potencial agrícola del uso de la tierra en Bolivia - Un mapa de sistemas de tierras. MBAT / Ministerio de Agricultura, La Pz, Bolivien. 826 S.

COCHRANE, T. T. (1975): Land Use Classification in the Lowlands of Bolivia. In: Soil Management in Tropical America, CIAT, S. 100-125.

COCHRANE, T. T. & P. A. SANCHEZ (1982): Land Resources, Soils and their Management in the Amazon Region: A State of Knowledge Report. In: S. HECHT (Hrsg.): AMAZONIA, Agriculture and Land Use Research. Proceedings of the International Conference. CIAT, Colombia. S. 137-209.

COCHRANE, T. T. & R. G. BARBER (1993): Análisis de Suelos y Plantas Tropicales. Misión Británica en Agricultura Tropical and Centro de Investigación Agricola Tropical, Santa Cruz, Bolivia.

COMISIÓN INTERNACIONAL DEL MEDIO AMBIENTE (1996): Evaluación del Proyecto: "Tierras Bajas del Este: Proyecto de Manejo de Recursos Naturales y de Producción Agropecuaria" 52 S.

COOPERACIÓN TÉCNICA BOLIVIANO-ALEMANA (1999): Uso y manejo de recursos naturales en colonias menonitas. Estudio de las colonias „Riva Palacio“ y „El Dorado“ en el contexto del Plan de Ordenamiento Territorial del Municipio Cabezas, Departamento Santa Cruz, Bolivia. Borrador. Prefectura Del Dpto. Santa Cruz-IP/GTZ, Proyecto Masrena. Santa Cruz de la Sierra, Bolivia. 98 S.

CORDECRUZ-CONSORCIO IP/CES/KWC (1994): Plan de Uso del Suelo Rural (PLUS). Santa Cruz, Bolivien. 65 S.

CORDECRUZ-CONSORCIO IP/CES/KWC (1995): Plan de Uso del Suelo Rural (PLUS). Santa Cruz, Bolivien. 39 S.

CORDERO, A. V. (1964): The effect of land clearing on soil fertility in the tropical region of Santa Cruz, Bolivia. (M.Sc. Thesis), University of Florida, 102 p. CORDECRUZ.

COUNCIL ON ENVIRONMENTAL QUALITY & US-AUßENMINISTERIUM (1980): The Global 2000 Report to the President. Deutsche Ausgabe, 1508 S.

DABBERT, S. (1994): Ökonomik der Bodenfruchtbarkeit. Ulmer, Stuttgart. 200 S.

DAVIES, D. B., FINNEY, J. B. & S.J. RICHARDSON (1973): Relative effects of tractor weight and wheel-slip in causing soil compaction. Journal of Soil Science, Vol. 24, No. 3, S. 399-409.

DENICH, M. (1990): Die Sekundärvegetation nach flächenhafter Entwaldung – Ein Beispiel aus dem östlichen Amazonasgebiet Brasiliens. - In: Göttinger Beiträge zur Land- und Forstwirtschaft in den Tropen und Subtropen, H. 60 (1991), Göttingen, S. 31-46.

DERPSCH, R. (1998): Historical review of no-tillage cultivation of crops. Proceedings, First JIRCAS Seminar on soybean research, March 5-6, 1998, Foz do Iguaçu, Brazil, JIRCAS Working Reposrt No. 13, S. 1-18.

DERPSCH, R. (1999): Frontiers in Conservation Tillage and Advances in Conservation Practice. Unveröffentlichtes Manuskript zur 10th ISCO Conference in West Lafayette, USA, Mai 1999, 11 S.

DERPSCH, R. W. (1975): Estudio sobre la erosión eólica en la región integrada del Departamento de Santa Cruz y medidas prácticas para su control. Cooperación Boliviano-Alemana, La Paz, Bolivia. 62 S.

DERPSCH, R., ROTH, C. H., SIDIRAS, N. & U. KÖPKE (1988): Erosionsbekämpfung in Paraná, Brasilien: Mulchsysteme, Direktsaat und konservierende Bodenbearbeitung. Schriftenreihe der GTZ Nr. 205. TZ-Verlagsgesellschaft Rossdorf. 266 S.

DERPSCH, R., SIDIRAS, N. & C. H. ROTH (1986): Results of studies made from 1977 to 1984 to control erosion by cover crops and no-tillage techniques in Paraná, Brazil. Soil & Tillage Research, 8, S. 253-263.

DEZZEO, N. (1990): Bodeneigenschaften und Nährstoffvorratsentwicklung in autochthon degradierenden Wäldern SO-Venezuelas. Göttinger Beiträge zur Land- und Forstwirtschaft in den Tropen und Subtropen, Heft 53. Göttingen, 104 S.

DIAS, A. C. & S. NORTCLIFF (1985): Effects of two land clearing methods on the physical properties of an Oxisol in the Brazilian Amazon. Trop. Agric., 62, No. 3, S. 207-212.

DIAZ, O. & R. G. BARBER (1988a): El manejo de los suelos soyeros en el area integrada de Santa Cruz. Informe No. 51. 11 S.

DIFF-DEUTSCHES INSTITUT FÜR FERNSTUDIENFORSCHUNG AN DER UNIVERSITÄT TÜBINGEN (Hrsg.) (1997): Veränderung von Böden durch anthropogene

Einflüsse. Ein interdisziplinäres Studienbuch. Springer-Verlag Berlin. Heidelberg, New York 663 S.

DRECHSEL, P. (1992): Beziehungen zwischen Standort, Ernährungsleistung und Wuchsleistung von Teak (Tectona grandis L.f.) im humiden Westafrika. Bayreuther Bodenkundliche Berichte, 31. Bayreuth.

DUXBURY, J. M., SMITH, M. S., DORAN, J. W., JORDAN, C., SZOTT, L. & E. VANCE (1989): Soil Organic Matter as a Source and a Sink of Plant Nutrients. In: COLEMAN, D. C., OADES, J. M. & G. UEHARA (Hrsg.): Dynamics of Soil Organic Matter in Tropical Ecosystems. NifTAL Project, Department of Agronomy and Soil Science, University of Hawaii, Honolulu, Hawaii, S. 33-67.

DYCK, C. J. (1981): An introduction to Mennonite history. Second Edition, Scottdale, Pennsylvania; Waterloo, Ontario. 452 S.

EDEN, M. J. & A. ANDRADE (1988): Colonos, agriculture and adaptation in the Colombian Amazon. Journal of Biogeography, 15, S. 79-85

EL DEBER (1. Dezember 1998): El suelo: Entendiendo mejor un recurso poco entendido.
S. 4

EL DEBER (1. Dezember 1998): La siembra de verano se atrasó por falta de lluvias. Las últimas precipitaciones pusieron al día la espera de los productores. S. 20

EL DEBER (1. Dezember 1998): Unas mil milliones de personas afectadas por la desertización. En Latinoamérica un 74% de las tierras áridas en peligro.

EL DEBER (17. September 1998): Menonitas desmontan 300 hectáreas de bosques fiscales. S. 17

ELLENBERG, H. (1981): Desarrollar sin destruir. Respuetas de un Ecólogo a 15 preguntas de Agrónomos y Planificadores Bolivianos. Instituto de Ecología, UMSA, La Paz. 55 S.

ELLENBERG, H. (1984): Entwicklung ohne Rückschläge. Antworten eines Ökologen auf 20 Fragen im Hinblick auf die ländliche Entwicklung in den Tropen und Subtropen. Schriftenreihe der GTZ Nr. 156. Eschborn, 139 S.

ESSIET, E. U. (1990): A comparison of soil degradation under smallholder farming and large-scale irrigation land use in Kano State, Northern Nigeria. In: Land Degradation & Rehabilitation, Vol. 2, S. 209-214.

FAO-UNESCO (1990): Soil map of the world. Revised Legend. World Soil Recources Report 60. Rom, 119 S.

FASSBENDER, H. W. (1972): Chemisches Verhalten der Hauptnährstoffe in Böden der Tropen, insbesondere in Lateinamerika. Göttinger Bodenkundliche Berichte, 23, Göttingen. 182 S.

FEIGL, B. J., MELILLO, J. & C. C. CERRI (1995): Changes in the origin and quality of soil organic matter after pasture introduction in Rondǫnia (Brazil). Plant and Soil 175, S. 21-29.

FERWERDA, J. D. (1980): Problems of permanent land use in the humid tropics. - Giessener Beiträge zur Entwicklungsforschung. Reihe I, Bd. 6, S. 23-41.

FINCK, A. (1963): Tropische Böden - Einführung in die bodenkundlichen Grundlagen tropischer und subtropischer Landwirtschaft. Verlag Paul Parey. Hamburg und Berlin, 188 S.

FINCK, A. (1991): Pflanzenernährung in Stichworten. Berlin, Stuttgart. 200 S.

FLOQUET, A. (1985): Möglichkeit der Erhaltung der Bodenfruchtbarkeit als Voraussetzung für eine permanente Bodennutzung. Eine Feldstudie aus Südbenin. - In: Göttinger Beiträge zur Land- und Forstwirtschaft in den Tropen und Subtropen, H. 28 (1987), S. 70-81.

FLORES A., F. (1990): Respuesta a la fertilizacion bajo diferentes distancias y densidades de siembra en trigo (Triticum aestivua L.). Tesis de la Universidad Autonoma Gabriel Rene Moreno, Facultad de Ciencias Agricolas. Santa Cruz, Bolivia. 90 S.

FÖLSTER, H. & H. FASSBENDER (1984): Ökopedologische Grundlagen der Bodennutzung in den Tropen und Subtropen. Vorlesungsmanuskript, Göttingen. 199 S.

FROMENT, M.A. (1984): Report on a visit to the Mennonite colony, Santa Rosa, 25th January, 1984. o.O. 4 S.

GAST, C. (1995): Bodenpotential und Bodenveränderung in Abhängigkeit von Alter und Art der landwirtschaftlichen Nutzung in der Pufferzone des „Forêt classée de la Bossematié“ (FCB) Côte d'Ivoire. Unveröffentlichte Diplomarbeit am Geographischen Institut der Georg-August-Universität Göttingen, 99 S.

GEBAUER, P. (o.J.): Estudio preliminar de uso y manejo de suelos. Comite departamental de obras publicas - Gerencia de fomento de desarrollo - Departamento Agropecuario. Santa Cruz. 127 S.

GEROLD, G. (1981a): „Desertifikation“ in Südost-Bolivien.- Untersuchungen im Badlandbereich des Andinen Beckens von Tarija. - In: Würzburger Geogr. Arbeiten, Heft 53, Geographische Probleme in den Trockenräumen der Erde, S. 73-109.

GEROLD, G. (1983): Vegetationsdegradation und fluviatile Bodenerosion in Südbolivien. - In: Z. Geomorph. N.F., Suppl.-Bd 48, S. 1-16.

GEROLD, G. (1986a): Vegetationsdegradation und fluviatile Bodenerosionsgefährdung in Südostbolivien. Unveröffentlichte Habilitationsschrift, Hannover, 404 S.

GEROLD, G. (1986b): Klimatische und pedologische Bodennutzungsprobleme im ostbolivianischen Tiefland von Santa Cruz. – In: Jahrbuch der GGH, Hannover, S. 69-162.

GEROLD, G. (1991a): Klimatische und pedologische Bodennutzungsprobleme in tropischen Waldgesellschaften (Bolivien). - In: Gießener Beiträge zur Land- und Forstwirtschaft in den Tropen und Subtropen, Heft 60, Göttingen, S. 91-110.

GEROLD, G. (1991b): Nutzungseingriffe in tropische Waldgesellschaften und deren pedoökologische Folgen (Bolivien). - In: Gießener Beiträge zur Entwicklungsforschung. Reihe I (Symposien), 19, Tropeninstitut Gießen, S. 25-40.

GEROLD, G. (1991c): Human impact on Forest Ecosystems and Soil Deterioriation in Tropical Bolivia. - In: ERDELEN, W., ISHWARAN, N. & P. MÜLLER (Hrsg.): Tropical Ecosystems, Markgraf Scientific Books, Weikersheim, S. 107-120.

GEROLD, G. (1997): Bodendifferenzierung, Bodenqualität und Nährstoffumsatz in ihrer Bedeutung für die Waldrehabilitation und landwirtschaftliche Nutzung in der Ostregion der Elfenbeinküste. In: Geographie in der Grundlagenforschung und als Angewandte Wissenschaft Göttinger Akzente. Göttinger Geographische Abhandlungen 100. S. 147-178.

GEROLD, G. & M. SCHAWE (1999a): Bodendifferenzierung und Bodenqualität im Amazonastiefland von Ecuador. Mitteilungen der Deutschen Bodenkundlichen Gesellschaft, Band 91, Heft 2, S. 989-992.

GEROLD, G. & M. SCHAWE (1999b): Bodendifferenzierung und Bodenfruchtbarkeit im Amazonastiefland von Ecuador (Coca). In: SCHÄBITZ, F. & H. LIEBRICHT [Hrsg.]: Beiträge zur quartären Landschaftsentwicklung Südamerikas. Festschrift zum 65. Geburtstag von Professor Dr. Karsten Garleff. (=Bamberger Geographische Schriften 19). Bamberg, S. 1-34.

GIERHAKE, K. (1998): Instrumente eines Umweltmanagements: das Beispiel Raumordnung in Bolivien. Materialien des Zentrums für regionale Entwicklungsforschung der Justus-Liebig-Universität Giessen. Band 43. 106 S.

GISBRECHT W., W. (1991): Diagnostico e identificacion de problemas para la afiliacion a ANAPO del sector menonita en el Dpto. de Santa Cruz de la Sierra. ANAPO, Santa Cruz, Bolivia, 17 S.

GOBIERNO DEPTAL. SANTA CRUZ, SECRETARIA DE DESARROLLO SOSTENIBLE Y MEDIO AMBIENTE DIRECCIÓN DEPTAL. RRNN (1996): Plan de Uso del Suelo PLUS del Dpto. de Santa Cruz. CORDECRUZ-KfW-CONSORCIO IP/CES/KWC. Santa Cruz, Bolivia. 111 S.

GOERTZ, H.-J. [Hrsg.] (1971): Die Mennoniten. Die Kirchen der Welt, Band VIII. Stuttgart. 286 S.

GRIES, R. (2000): Die Nutzung der natürlichen Ressourcen in ausgewählten landwirtschaftlichen Betriebssystemen im Municipio Cabezas (Oriente Bolivien). Unveröffentlichte Magisterarbeit, Göttingen.

GTZ (1998): Fortschrittsbericht des Projektes „Nachhaltige Bewirtschaftung der natürlichen Ressourcen im Departement Santa Cruz. PN-Nummer: 97.2094.7. 11 S.

GUAMÁN C., A. (1982): Uso potencial de la tierra del Departamento de Santa Cruz. Corporación Regional de Desarrollo de Santa Cruz-Unidad de Programas Rurales y Agropecuarios-Departamento de Recursos Naturales. Santa Cruz, Bolivien. 16 S.

GUÁMAN C., A. (1984): Suelos del chaco boliviano (Sector Santa Cruz). Corporacion Regional de Desarrollo de Santa Cruz. Unidad de Planificacion Regional. Departamento de Recursos Naturales. Santa Cruz, Bolivia. 41 S.

GUAMAN C., A. (1999): Estudio de Suelos del municipio Cabezas. COOPERACIÓN TÉCNICA BOLIVIANO-ALEMANA, Prefectura Del Dpto. Santa Cruz-IP/GTZ, Proyecto Masrena. Santa Cruz de la Sierra, Bolivia.

HAASE, R. (1992): Physical and Chemical Properties of Savanna Soils in Northern Bolivia. In: CATENA, vol. 19. Cremlingen, S. 119-134.

HAHN, P. (1997): Vergleich des Informationsgehaltes verschiedener Fernerkundungsdaten zur Erfassung der Landnutzungsentwicklung im amazonischen Tiefland von Ecuador. Unveröffentlichte Diplomarbeit, Universität Göttingen, 103 S.

HAJABBASI, M. A., JALALIAN, A. & H. R. KARIMZADEH (1997): Deforestation effects on soil physical and chemical properties, Lordegan, Iran. Plant and Soil 190: 301-308.

HANAGARTH, W. (1993): Acerca de la Geoecolgía de las Sabanas del Beni en el Noreste de Bolivia. Instituto de Ecología, La Paz, 186 S.

HARTGE, K.-H. & R. HORN (1989). Die physikalische Untersuchung von Böden. Stuttgart, 175 S.

HEINE, K. (1994): Bodenzerstörung - ein globales Umweltproblem. In: ANHUF, D. & P. FRANKENBERG (Hrsg.): Beiträge zu globalen Umweltproblemen. Akademie der Wissenschaften und der Literatur. Stuttgart, S. 65-91.

HEPPNER, J. (o.J.): Una breve historia de los Anabautistas. Unveröffentlichtes Manuskript. 13 S.

HERRERA MORÓN, C. (1988): Estudio sobre la susceptibilidad a compactación de suelos por mecanización, en el area integrada y la zona de colonización de

Santa Cruz. Tesis de la Universidad Autonoma Gabriel Rene Moreno, Santa Cruz, Bolivien. 65 S.

HULUGALLE, N. R., LAL, R. & C. H. H. TER KUILE (1984): Soil physical changes and crop root growth following different methods of land clearing in western Nigeria. Soil Science, Vol. 138, Nr. 2, S. 172-179.

JORDAN C. F. (HRSG.) (1986): Amazonian rain forests. Ecol. Studies 60, Berlin.

JORDAN, E. (1981): Die rezenten Dünengebiete Boliviens und ihre regional-genetische Differenzierung.-Würzburger Geogr. Abh. H. 53, S. 159-194.

JORDAN, E. (1983): Los arenales recientes de Bolivia en su multiple diferenciacion. Ecología en Bolivia. Revista del Instituto de Ecología No. 3, 90 S.

JUNGK, A. (1994): Die Pflanzenverfügbarkeit der Nährstoffe im Boden: chemische und räumliche Aspekte. In: Bodennutzung und Bodenfruchtbarkeit, Band 5, Nährstoffhaushalt. Berichte über Landwirtschaft, Zeitschrift für Agrarpolitik und Landwirtschaft. Herausgegeben vom Bundesministerium für Ernährung, Landwirtschaft und Forsten, 207. Sonderheft. Hamburg, Berlin. S. 70-84.

KAIMOWITZ, D., THIELE, G. & P. PACHECO (1999): The Effects of Structural Adjustment on Deforestation and Forest Degradation in Lowland Bolivia. World Development Vol 27 (3), S. 505-520.

KARSTEN, R. (2000): Pedoökologische Auswirkungen des Brandrodungsfeldbaus in den wechselfeuchten Tropen (Santa Cruz – Bolivien). Unveröffentlichte Diplomarbeit, Göttingen.

KAUFFMANN, S., SOMBROECK, W. & S. MANTEL (1998): Soils of rainforests: Characterization and major constraints of dominant forest soils in the humid tropics. In: SCHULTE, A. & D. RUHIYAT (Hrsg.): Soils of Tropical Forest Ecosystems. Characteristics, Ecology and Management. Springer. S. 9-20.

KIDMAN, D.C., ADAMS, K.A., ORTÍZ, E. & J. NAVARRO (1980): The effect of continuous cropping on soil fertility in the colonization areas of Santa Cruz. – In: Special Bulletin No. 21, Saavedra Experiment Station, Centro de Investigación Agricola Tropical and Consortium for International Developement, Santa Cruz, Bolivia.

KLAUBE, M. (1990): „Bis hier her hat uns der Herr geholfen; Gott sei Dank" – 30 Jahre Mennonitenkolonisation in Blue Creek in Belize. In: TOLKSDORF, U. (Hrsg.): Jahrbuch für ostdeutsche Volkskunde, Band 33, S. 357-409.

KLAUBE, M. (1991): Die mennonitische Kolonisation in Bolivien am Beispiel der Kolonie Nueva Esperanza in der Provinz Sta Cruz. In: TOLKSDORF, U. (Hrsg.): Jahrbuch für ostdeutsche Volkskunde, Band 34, S. 354-380.

KLINGE, H. (1976): Bilanzierung von Hauptnährstoffen im Ökosystem Tropischer Regenwald (Manaus). Biogeografica 7, S. 59-77.

KÖSTER, G. (1978): Santa Cruz de la Sierra (Bolivien) Entwicklung, Struktur und Funktion einer tropischen Tieflandstadt. – In: Aachener Geogr. Arbeiten, H.12, 272 S.

KÖSTER, G. (1987): Die Erschließung tropischer Tieflandgebiete und ihre Bedeutung für Migration und regionale Bevölkerungsverteilung – Das Beispiel Bolivien. - In: Aachener Geogr. Arbeiten, H.19, S. 109-136.

KOUTIKA, L.-S., ANDREUX, F., HASSINK, J., CHONÉ, TH. & C. C. CERRI (1999): Characterization of organic matter in topsoils under rain forest and pasture in the eastern Brazilian Amazon basin. Biology and Fertility of Soils, 29, S. 309-313.

KRAUSE, R. & F. LORENZ (1979): Bodenbearbeitung in den Tropen und Subtropen. gtz-Schriftenreihe. 252 S.

KREBS, J. E. (1975): A Comparison of Soils Under Agriculture and Forests in San Carlos, Costa Rica. In: GOLLEY, F. B. & E. MEDINA (1975): Ecological Studies 11. Tropical Ecological Systems. New York, Heidelberg, Berlin, 398 S., S. 381-391.

KRETZSCHMAR, R. (1996): Kulturtechnisch-Bodenkundliches Praktikum – Ausgewählte Labor- und Feldmethoden, 2, Chemische Verfahren der Standortuntersuchung. Skript Universität Kiel.

LAL, R. (1985): Mechanized tillage systems effects on properties of a tropical Alfisol in watersheds cropped to maize. Soil and Tillage Research, 6, S. 149-161.

LAL, R. (Hrsg.) (1999): Soil Quality and Soil Erosion. Soil and Water Conservation Society. Ankeny, Iowa. 329 S.

LAL, R., HALL, G. F. & F. P. MILLER (1989): Soil degradation: 1. Basic processes. – In: Land Degradation and Rehabilitation, 1, S. 51-69.

LAL, R. & B. A. STEWART (Hrsg.) (1990): Soil Degradation. Advances in Soil Science, Volume 11. 345 S.

LANDON, J. R. (1991): Booker Tropical Soil Manual. A handbook for soil survey and agricultural land evaluation in the tropics and subtropics. Booker Agriculture International Limited. 474 S.

LESLIE, J. (1983): A study of mechanised rice production in the japanese and mennonite colonies of the colonization crescent, north of Santa Cruz. o.O. 25 S.

LILIENFEIN, J., WILCKE, W., VILELA, L., LIMA, S.D.C., THOMAS, R. & W. ZECH (1999): Verlauf der Nährstoffkonzentrationen in der Bodenlösung unterschiedlich bearbeiteter Ackerböden in der brasilianischen Savanne zu

Beginn der Regenzeit. Mitteilungen der Deutschen Bodenkundlichen Gesellschaft, Band 91, Heft 1, S. 434-437.

LINKE, C. (1998): Direktsaat – eine Bestandsaufnahme unter besonderer Berücksichtigung technischer, agronomischer und ökonomischer Aspekte. Dissertation aus dem Institut für Agrartechnik in den Tropen und Subtropen, Universität Hohenheim. 482 S.

LOBE, I., AMELUNG, W. & C. C. DU PREEZ (1999): Kohlenstoffgehalte in Korngrößenfraktionen unterschiedlich lang ackergenutzter Plinthustalfs (Südafrika). Mitteilungen der Deutschen Bodenkundlichen Gesellschaft, Band 91, Heft 2, S. 666-669.

LÜKEN, H., GRÜNEBERG, F. & P. RICHTSCHEID (1970): Landklassifikation (Entwurf). System zur Beurteilung der Nutzungseignung von Böden in Entwicklungsgebieten. Hannover, 78 S.

MANSHARD, W. & R. MÄCKEL (1995): Umwelt und Entwicklung: Naturpotential und Landnutzung in den Tropen. Wissenschaftliche Buchgesellschaft, Darmstadt. 182 S.

MARKUSSEN, M. (2000): Bodenveränderung duch mechanisierten Feldbau in den Mennonitenkolonien bei Santa Cruz (Bolivien). Profil, Bd. 18, 2000. 17. Geowissenschaftliches Lateinamerika-Kolloquium 11.-13.10.2000, Institut für Geologie und Paläontologie, Universität. Stuttgart. S. 31 und 6 S. CD-ROM

MARKUSSEN, M. & G. GEROLD (2000): The pedo-ecological consequences of the Mennonite Land-use-system in the lowlands of Bolivia (Department of Santa Cruz).- Mitt. d. Dt. Bodenkdl. Ges. Band 93. S. 177-180.

MOLL, M. (1981): Problemas ecológicos en el desarrollo agrícola de Santa Cruz (Bolivia) : un estudio modelo. Direktion für Entwicklungszusammenarbeit und humanitäre Hilfe. Eidgenössisches Department für Auswärtige Angelegenheiten EDA, Bern, Schweiz. 106 S.

MONHEIM, F. (1968): Agrarreform und Kolonisation in Peru und Bolivien. – Ergebnisse einer Reise von 1966. – Erdkundliches Wissen: Beiträge zur Landeskunde von Peru und Bolivien. - Beihefte Geogr. Z. 20, S. 1-53.

MONHEIM, F. (1977): 20 Jahre Indianerkolonisation in Ostbolivien. Erdkundliches Wissen; Heft 48. Beihefte zur Geographischen Zeitschrift. Wiesbaden. 99 S.

MONHEIM, F. & G. KÖSTER (1982): Die wirtschaftliche Erschließung des Departement Santa Cruz (Bolivien) seit der Mitte des 20. Jahrhunderts. - In: Erdkundliches Wissen, Geographische Zeitschrift – Beihefte, Heft 56, Franz Steiner Verlag, Wiesbaden, 152 S.

MONTES DE OCA, I. (1997): Geografía y Recursos Naturales de Bolivia. 3. Auflage, La Paz, Bolivia, 614 S.

MORGAN, R. P. C. (1999): Bodenerosion und Bodenerhaltung. Enke-Verlag, Stuttgart. 236 S.

MÜLLER-SÄMANN, K. M. (1986): Bodenfruchtbarkeit und standortgerechte Landwirtschaft. Eine Studie über Maßnahmen und Methoden im Tropischen Pflanzenbau. Schriftenreihe der GTZ, No. 195, Eschborn. 559 S.

NEUFELDT, H. (1998): Land-Use Effects on Soil Chemical and Physical Properties of Cerrado Oxisols. Bayreuther Bodenkundliche Berichte, Band 59. 174 S.

NORTCLIFF, S. & A. C. D. C. P. DIAS (1988): The change in soil physical conditions resulting from forest clearance in the humid tropics. Journal of Biogeography, 15, S. 61-66

NUTZ, L. (1995): Untersuchungen zur Sukzession von Inselwäldchen der Feuchtsavanne des Beni-Tieflandes Bolivien. Karlsruher Berichte zur Geographie und Geoökologie, Heft 6. 105 S.

NYE, P. H. & D. J. GREENLAND (1960): The soil under shifting cultivation. – In: Tech. Commun. No. 51, Agric. Bur., Farnham Royal, Bucks, England. 156 S.

ORELLANA M., MIRTHA (1990): Efectos de labranza profunda y fertilización en el desarrollo y rendimiento de la soya (Glycine max. (L.) Merril) en un suelo compactado durante una epoca excepcionalmente lluviosa. Tesis de la Universidad Autónoma „Gabriel René Moreno", Santa Cruz, Bolivien. 122 S.

ORELLANA, M., BARBER, R. G. & O. DÍAZ (1990): Effects of deep tillage and fertilization on the population, growth and yield of soya during an exceptionally wet season on a compacted sandy loam, Santa Cruz, Bolivia. Soil & Tillage Research, 17, S. 47-61.

PAGEL, H. (1981): Grundlagen des Nährstoffhaushaltes tropischer Böden. VEB Deutscher Landwirtschaftsverlag Berlin, 192 S.

PAGEL, H., ENZMANN, J. & H. MUTSCHER (1982): Pflanzennährstoffe in tropischen Böden – ihre Bestimmung und Bewertung. VEB Deutscher Landwirtschaftsverlag Berlin. 272 S.

PRASAD, R. & J. F. POWER (1997): Soil Fertility Management for Sustainable Agriculture. 356 S.

PROYECTO TIERRAS BAJAS DEL ESTE (1994): El Manejo Sostenible de Suelos. Los procesos de degradación de suelos en el departamento de Santa Cruz. La recuperación de los suelos degradados. 16 S.

RAMIREZ S., A. (1984): Diagnostico de fertilidad de cinco suelos de Santa Cruz. Tesis de la Universidad Autonoma „Gabriel Rene Moreno“ Facultad de Ciencias Agricolas. Santa Cruz, Bolivia. 108 S.

RAUSSEN, TH. (1990): Planung von Windschutzpflanzungen in ariden und semiariden Gebieten. Der Tropenlandwirt, Beiheft Nr. 43. 232 S.

REDEKOP, C. (1980): Strangers become Neighbors. Mennonite and Indigenous Relations in the Paraguayan Chaco. Studies in Anabaptist and Mennonite history, No. 22. 305 S.

REHM, S. (1983): Sicherung und Steigerung der pflanzlichen Produktion in Entwicklungsländern. Göttinger Beiträge zur Land- und Forstwirtschaft in den Tropen und Subtropen, Heft 4. 25 S.

REHM, S. (Hrsg.) (1986): Handbuch der Landwirtschaft und Ernährung in den Entwicklungsländern. Bd. 3 Grundlagen des Pflanzenbaus in den Tropen und Subtropen. Ulmer-Verlag. Stuttgart, 478 S.

REHM, S. & G. ESPIG (1996): Die Kulturpflanzen der Tropen und Subtropen: Anbau, wirtschaftliche Bedeutung, Verwertung. 3., neubearb. Aufl. – Stuttgart (Hohenheim), 528 S.

RENGER, M. (1971): Die Ermittlung der Porengrößenverteilung aus der Körnung, dem Gehalt an organischer Substanz und der Lagerungsdichte. Zeitschrift für Pflanzenernährung und Bodenkunde, 130, 1, S. 53-67.

RENGER, M., WESSOLEK, G. & S. GÄTH (1994): Nährstoffhaushalt des Unterbodens und seine Bedeutung für die Nährstoffversorgung der Pflanzen. In: Bodennutzung und Bodenfruchtbarkeit, Band 5, Nährstoffhaushalt. Berichte über Landwirtschaft, Zeitschrift für Agrarpolitik und Landwirtschaft. Herausgegeben vom Bundesministerium für Ernährung, Landwirtschaft und Forsten, 207. Sonderheft. Hamburg, Berlin. S. 121-140.

RIEZEBOS, H. TH. & A. C. LOERTS (1998): Influence of land use change and tillage practice on soil organic matter in southern Brazil and eastern Paraguay. Soil & Tillage Research, 49, S. 271-275.

ROSS, D. J., K. R. TATE, N. A. SCOTT, C. W. FELTHAM (1999): Land-use change: effects on soil carbon, nitrogen and phosphorus pools and fluxes in three adjacent ecosystems. Soil Biology and Biochemistry 31, S. 803-813.

RUHIYAT, D. (1989): Die Entwicklung der standörtlichen Nährstoffvorräte bei naturnaher Waldbewirtschaftung und im Plantagenbetrieb, Ostkalimantan (Indonesien). Göttinger Beiträge zur Land- und Forstwirtschaft in den Tropen und Subtropen, Heft 35. Göttingen. 206 S.

SAIKH, H., VARADACHARI, C. & K. GHOSH (1998): Effects of deforestation and cultivation on soil CEC and contents of exchangeable bases: A case study in Simlipal National Park, India. Plant and Soil 204, 175-181.

SANCHEZ, P. A. (1976): Properties and management on soils in the tropics. John Wiley & Sons, New York, 618 S.

SANCHEZ, P. A. & T. T. COCHRANE (1980): Soil constraints in relation to major farming systems in tropical America. In: Soil-related constraints to food production in the tropics. International Rice Research Institute and New York State College of Agriculture and Life Sciences, Cornell University. S. 107-139.

SAUERBECK, D. (1992): Funktionen und Bedeutung der organischen Substanzen für die Bodenfruchtbarkeit – ein Überblick. In: Bodennutzung und Bodenfruchtbarkeit, Bd. 4, Humushaushalt (Berichte über Landwirtschaft: Sonderheft; N. F., 206), S. 13-29.

SAWATZKY, H. L. (1986): Sie suchten eine Heimat: Deutsch-Mennonitische Kolonisierung in Mexiko 1922-1984. Schriftenreihe der Kommission für ostdeutsche Volkskunde in der Deutschen Gesellschaft für Volkskunde e.V.; Band 35. 325 S.

SCHAD, P. (1995): Einfluß traditioneller Bewirtschaftungsmethoden auf Kennwerte der Bodenfruchtbarkeit im Gebiet von Charazani (Bolivianische Hochanden). Dissertation, Universität München. 178 S.

SCHAWE, M. (1998): Bodendifferenzierung und Bodenqualität im Amazonastiefland Ecuadors/Coca. Unveröffentlichte Hausarbeit im Rahmen der Ersten Staatsprüfung für das Lehramt an Gymnasien. Göttingen, 109 S.

SCHEFFER, F., P. SCHACHTSCHABEL ET AL. (1998): Lehrbuch der Bodenkunde. Stuttgart, 494S.

SCHINNER, F. & R. SONNLEITNER (1996): Bodenökologie: Mikrobiologie und Bodenenzymatik. Bd. 2. Bodenbewirtschaftung, Düngung und Rekultivierung. Berlin, Heidelberg. 359 S.

SCHLICHTING, E. BLUME, H.-P. U. K. STAHR (1995): Bodenkundliches Praktikum. Berlin, 295 S.

SCHNELLER, T. (1995): Kleinbauern und Genossenschaften. Auswirkungen einer kleinbäuerlichen Milchkooperative auf Stadt-Land-Verflechtungen in der Umgebung Cuiabás. In: Tübinger Beiträge zur Geographischen Lateinamerika-Forschung 12, Tübingen, S. 247-277.

SCHÖNWOLF, W. (1993): Auswirkungen der Rinderweidewirtschaft auf Boden und Abflußbildung in wechselfeuchten tropischen Gebieten Zentralamerikas. - In: Göttinger Beitr. z. Land- und Forstwirtschaft i. d. Tropen u. Subtropen, Heft 104, Göttingen. 209 S.

SCHROEDER, D. (1969): Bodenkunde in Stichworten. Kiel, 144 S.

SCHWANTAG, U., LILIENFEIN, J., WILCKE, W., AYARZA, M. A., LIMA, S.D.C., VILELA, L. & B. HUWE (1999): Einfluss der Landnutzung auf vertikale Wasserflüsse in brasilianischen Savannenböden. Mitteilungen der Deutschen Bodenkundlichen Gesellschaft, Band 91, Heft 1, S. 258-261.

SECRETARÍA DPTAL. DE DESARROLLO SOSTENIBLE Y MEDIO AMBIENTE DIRECCIÓN DPTAL. RECURSOS NATURALES, COOPERACIÓN FINANCIERA DEL GOBIERNO ALEMÁN - PREFECTURA DEL DEPARTAMENTO - CONSORCIO IP/CES/KWC (1996): Memoria del PLUS. Plan de Uso del Suelo del Departamento de Santa Cruz, Bolivia. Memoria Explicativa de la Propuesta Técnica a la Subcomisión de Uso del Suelo. Santa Cruz, Bolivia. 219 S.

SELVARAJU, R., SUBBIAN, P., BALASUBRAMANIAN, A. & R. LAL (1999): Land configuration and soil nutrient management options for sustainable crop production on Alfisols and Vertisols of southern peninsular India. Soil and Tillage Research, 52 (3-4), S. 203-216.

SEUBERT, C.E., SANCHEZ, P.A. & C. VALVERDE (1977): Effects of land clearing methods on soil properties of an ultisol and crop performance in the Amazon jungle of Peru. Trop. Agric., Vol. 54, No. 4, S. 307-321.

SIGLE, M. (1993): Bodenfruchtbarkeit, Lichtkonkurrenz und Ertragsbildung von agroforstlichen Systemen im humiden Tiefland Zentralboliviens. Dissertation, Universität Hohenheim.

SOIL SURVEY STAFF (USDA) (1998): Keys to Soil Taxonomy. 8th Edition, Internet-Version: URL: http://www.statlab.iastate.edu/soils/keytax/RevKeysSoilTax2_99.pdf.

STATISTISCHES BUNDESAMT (1991): Länderbericht Bolivien 1991. Satistisches Bundesamt, Wiesbaden, 1991, 113 S.

STEINER, K. G. (1996): Causes of Soil Degradation and Development Approaches to Sustainable Soil Management. Margraf-Verlag, Weikersheim, 83 S. und 50 S. Anhang.

STEINER, K. G. (1998): Conserving Natural Resources and Enhancing Food Security by Adopting No-tillage. An Assessment of the Potential for Soil-conserving Production systems in Various Agro-ecological Zones of Africa. GTZ, Eschborn. 53 S.

STROMGAARD, P. (1984): The immediate effect of burning and ash-fertilization. In: Plant and Soil 80, The Hague – Netherland, S. 307-320.

TICONA CUBA, W. (1994): Erosionsmessung auf landwirtschaftlich genutzten Flächen und Wald im östlichen subandinen Bergland Alto Beni, Bolivien. Dissertation im Fachbereich Agrarwissenschaften: Wissenschaftliches Zentrum Tropeninstitut Abteilung Bodenkunde und Bodenerhaltung der Justus-Liebig-Universität Gießen, 123 S.

TROLL, C. (1964): Karte der Jahreszeitenklimate der Erde. Mit einer farbigen Karte von C. Troll und K. H. Paffen. In: Erdkunde 18, S. 5-28.

U.S. DEPARTMENT OF AGRICULTURE (o.J.): Soil Taxonomy. A Basic System of Soil Classification for Making and Interpreting Soil Surveys. John Wiley, New York, 754 S.

UPRA (o. J.): Compendio de datos meteorologicos del Departamento Santa Cruz. Unidad de programas rurales y Agropecuarios. CORDECRUZ, Santa Cruz.

VAN DAM, D., VELDKAMP, E. & N. VAN BREEMEN (1997): Soil organic carbon dynamics: variability with depth in forested and deforested soils under pasture in Costa Rica. Biogeochemistry 39, S. 343-375.

VAN WAMBEKE, A. (1992): Soils of the Tropics. Properties and Appraisal. 343 S.

VDLUFA (1991): Methodenbuch. Bd. 1: Die Untersuchung von Böden. 4. Aufl., VDLUFA-Verlag. Darmstadt.

VERCHOT, L. V., DAVIDSON, E. A., CATTANIO, J. H., ACKERMAN, I. L., ERICKSON, H. E., & M. KELLER (1999): Land use change and biogeochemical controls of nitrogen oxide emissions from soils in eastern Amazonia. Global biogeochemical cycles, Vol. 13, No. 1, S. 31-46.

WEISCHET, W. (1977): Die ökologische Benachteiligung der Tropen. Stuttgart, 127 S.

WEISCHET, W. (1986): Die ökologische Benachteiligung südamerikanischer feuchttropischer Tieflands- gegenüber Gebirgslebensräumen. [The Ecological Disadvantage of the Habitats in the South American Humid Tropical Lowlands as Compared with the Andean Highlands.] – Zbl. Geol. Paläont. Teil I, 1985 (9/10), S. 1127-1138.

WEISCHET, W. & C. N. CAVIEDES (1993): The Persisting Ecological Constraints of Tropical Agriculture. Longman, London. 319 S.

WERDING, L. (1977): Geomorphologie und rezente Sedimentation im Chaco Boreal, Bolivien. Giessenener Geologische Schriften 12, S. 429-446.

WESTERHOF, R. (1998): Short-Term Effects of Land Use Systems on Nutrient Availability and Structural Stability in the Cerrado Region in Brazil. Bayreuther Bodenkundliche Berichte, Band 60. 116 S.

WICK, B., KÜHNE, R. F. & P. L. G. VLEK (1998): Soil microbiological parameters as indicators of soil quality under improved fallow management systems in south-western Nigeria. Plant and Soil 202, S. 97-107.

ZEIL, W. (1979): The Andes. A geological review. Beiträge zur Regionalen Geologie der Erde, Bd. 13. Gebrüder Borntraeger. Berlin, Stuttgart. 260 S.

ZEIL, W. (1986): Südamerika. Geologie der Erde; Bd. 1, Stuttgart: Enke, 160 S.

13. Kartenverzeichnis

- Proyecto Plan de Proteccion de Recursos Naturales de Santa Cruz (Consorcio IP/CES/KWC) (1995): Mapa IGM 13 Fisiografia y Suelos. 1:500.000. [Llanura aluvial: Alluvialebene; äolisches Flachland, Entisole, Inceptisole, niedrige Bodenfruchtbarkeit, sandige Böden über Ton, Dünenformationen, äolische Erosion. Zwischen 900 und 1100 mm Niederschlag]
- Proyecto Plan de Proteccion de Recursos Naturales de Santa Cruz (Consorcio IP/CES/KWC) (1995): Mapa IGM 13 Capacidad de los Suelos para Uso Agropecuario. 1:500.000. [Eignungsklasse IV: geeignet für Ackerbau, Viehzucht und Dauerkulturen, sehr strenge Einschränkungen (Drainage, Erosion und/oder Bodenfruchtbarkeit)]
- Proyecto Plan de Proteccion de Recursos Naturales de Santa Cruz (Consorcio IP/CES/KWC) (1995): Mapa IGM 13 Vegetacion. 1:500.000. [Sekundärvegetation]
- Proyecto Plan de Proteccion de Recursos Naturales de Santa Cruz (Consorcio IP/CES/KWC) (1995): Mapa IGM 13 Plan de Uso del Suelo. 1:500.000. [Intensive Agrarnutzung: alte Alluvialebene des Río Grande]
- Proyecto Plan de Proteccion de Recursos Naturales de Santa Cruz (Consorcio IP/CES/KWC) (1995): Departamento de Santa Cruz. Plan de Uso del Suelo. 1:1.500.000.
- Satellitenbild (Farbkopie) vom 10. Januar 1993, TM-Landsat 5, Bañados del Izozog, Zona UTM 20, 184 km * 185 km, WRS 230/073, TM5-47137-C001, Bandas 3,4,5, Maßstab: 1:250.000
- Satellitenbild (Farbkopie) vom 5. Mai 1994, TM-Landsat 5, Bañados del Izozog, Zona UTM 20, 184 km * 185 km, WRS 230/073, TM5-54127-C001, Bandas 3,4,5, Maßstab: 1:250.000
- Satellitenbild (Farbkopie) vom 24. Mai 1995, TM-Landsat 5, Bañados del Izozog, Zona UTM 20, 184 km * 185 km, WRS 230/073, TM5-59719-C001, Bandas 3,4,5, Maßstab: 1:250.000
- Satellitenbild 1996 Landsat
- Instituto Geografico Militar: Mapa Fisico de Bolivia. 3. Auflage 1998. 1:1.000.000.

- Comite Central Menonita (1995): Las colonias de los Mennonitas en Bolivia. 1:500.000. 2. Auflage.
- David Enns (1996): Las colonias de los Mennonitas en Bolivia. 1:750.000.

14. Epilog

Das Gleichnis vom Sämann

Ein Mann ging hinaus, um zu säen. Als er die Samen auf das Feld streute, fielen einige auf den Weg und die Vögel kamen und fraßen sie auf. Einige fielen auf felsigen Grund, wo es nur wenig Erde gab. Die Samen keimten schnell, da das Erdreich flach war; doch als die Sonne hochstieg, versengte sie die jungen Pflanzen und die Saat verdorrte, weil die Wurzeln nicht tief genug wachsen konnten. Einige der Samen fielen zwischen die Dornbüsche, die heranwuchsen und die Sämlinge erstickten. Aber einige Samen fielen auf guten Boden und trugen Frucht; manche von ihnen hundert Körner, manche sechzig und andere dreißig.

(Matthäus 13, 3-9)

15. Anhang

Projektbezeichnung: Nachhaltige Bewirtschaftung der natürlichen Ressourcen im Departement Santa Cruz.

Kernproblem: Degradierende Nutzung der erneuerbaren natürlichen Ressourcen (insbesondere Wasser und Boden) führt zur Armut und Abwanderung der ländlichen Bevölkerung, auch in Kokaanbaugebiete ab.

Oberziel: Die ländliche Bevölkerung des Departements Santa Cruz verbessert ihre Lebensbedingungen durch die nachhaltige Nutzung der natürlichen Ressourcen und wandert nicht in Kokaanbaugebiete ab.

Projektziel: Die Präfektur von Santa Cruz wendet Methoden zur Förderung diversifizierter und nachhaltiger Nutzung der natürlichen Ressourcen in ausgewählten Provinzen und Munizipien an und ist in der Lage, sie auch in weiteren Provinzen einzusetzen.

Indikatoren:

- Bis zum Ende der Phase (6/2000) ist mindestens ein Regionalentwicklungsplan (Plan de Ordenamiento Territorial – PLOT) für ein Munizip in jeder der 4 ausgewählten Provinzen erstellt und seine Umsetzung ist durch Einbeziehung in die munizipalen Fünfjahrespläne begonnen worden;
- Die Präfektur setzt ab August 1998 im Rahmen des Vorhabens entwickelte Methoden und Entwicklungsstrategien um und hat in ihren Haushaltsplänen ab 1998 Mittel für die Umsetzung auch in weiteren Provinzen bereitgestellt.

Zielgruppen: Zielgruppe ist die benachteiligte ländliche und kleinstädtische Bevölkerung der Projektregionen, Mittler ist das Fachpersonal der zuständigen Behörden (Präfektur, Sub-Präfekturen, Gemeindeverwaltungen) und Nichtregierungsorganisationen (NRO).

Abb. 30: Projektziel, Oberziel sowie Kurzbeschreibung des Vorhabens

Quelle: GTZ 1998

Foto 12: Satellitenbild der Mennonitenkolonien und ihrer Umgebung (24. Mai 1995, TM-Landsat 5, Bañados del Izozog, 184 km * 185 km)

Foto 13: Labranza Diagonal: Typisches Bewirtschaftungsmuster der Mennoniten (Foto: Dr. Wachholtz)

Foto 14: Bodendegradation durch Stahlbereifung

Foto 15: Schutz vor Winderosion: Windschutzstreifen (Foto: Dr. R. Wachholtz)

Foto 16a: Degradation durch Winderosion und Akkumulation (Foto: Dr. R. Wachholtz)

Foto 16b: Degradation durch Dünenbildung (Foto: Dr. R. Wachholtz)

Codierung	Fläche	Alter	C [%]	N [%]	C/N	Humus [%]	P [mg/kg]	$CaCl_2$-lösl. Mg [mg/kg]	AL-lösl. Na [mg/kg]	AL-lösl. K [mg/kg]	AL-lösl. Ca [mg/kg]	KAK [$cmol_c$/kg] Mg	Al	Na	K	Ca	H_3O^+	$KAK_{eff.}$	BS [%]	Total Ca [mg/kg]	Total Na [mg/kg]	Total K [mg/kg]	Total Mg [mg/kg]	Total Al [mg/kg]
MM 15	M5-Profil-1	Wald	2,16	0,26	8,2	4,3	59,5	191,6	3,2	382,0	2342,2	2,4	0,0	0,0	0,8	16,0	0,5	19,7	97,4	757,2	1665,8	15598,2	2291,8	25643,6
MM 16	M5-Profil-2		0,58	0,10	5,7	1,2	44,5	207,3	3,2	225,7	1014,8	2,2	0,0	0,0	0,5	7,0	0,6	10,3	94,0	296,7	1681,5	14836,8	2007,9	34915,9
MM 17	M5-Profil-3		0,24	0,07	3,4	0,5	78,4	278,3	7,6	292,6	1076,2	4,4	0,0	0,0	0,6	7,5	0,6	13,2	95,1	398,4	1593,6	17480,1	3212,2	46314,7
MM 12	M4-Profil-1	1 Jahr	1,12	0,15	7,3	2,2	21,2	283,5	6,2	222,5	1079,7	3,7	0,0	0,0	0,3	6,9	0,7	11,6	94,1	251,1	1305,9	13058,8	1290,8	27724,8
MM 13	M4-Profil-2		0,79	0,15	5,4	1,6	11,0	416,1	34,9	231,8	2392,7	8,6	0,0	0,1	0,5	15,7	0,7	25,5	97,4	756,0	2318,5	25604,8	8064,5	107762,1
MM 14	M4-Profil-3		0,29	0,06	5,2	0,6	20,3	235,6	18,0	153,0	1401,3	3,5	0,0	0,1	0,3	9,0	0,7	13,5	95,2	384,6	1923,1	18173,1	3211,5	48750,0
MM 6	M2-Profil-1	5 Jahre	1,45	0,18	7,9	2,9	84,9	99,0	6,5	591,1	6283,2	1,5	0,0	0,0	1,0	14,2	0,3	17,1	98,1	2526,9	1357,0	13898,0	2124,5	21899,9
MM 7	M2-Profil-2		0,33	0,07	4,7	0,7	65,5	104,5	2,2	267,1	1118,7	1,3	0,0	0,0	0,5	6,6	0,6	9,0	93,9	299,0	1395,1	13602,4	1848,5	30891,9
MM 8	M2-Profil-3		0,41	0,09	4,7	0,8	29,5	166,8	3,6	289,6	1383,9	2,1	0,0	0,0	0,6	8,8	0,5	12,1	95,7	389,9	1315,8	14376,2	2212,5	37573,1
MM 9	M3-Profil-1	15 Jahre	0,60	0,09	6,7	1,2	24,9	88,1	1,4	125,6	813,0	0,9	0,0	0,0	0,3	5,1	0,6	7,0	91,9	293,7	1468,4	12628,5	930,0	14635,3
MM 10	M3-Profil-2		0,31	0,06	5,2	0,6	17,5	107,5	2,2	87,0	663,0	1,2	0,0	0,0	0,2	4,2	0,6	6,2	90,7	288,5	1538,5	13653,8	1451,9	27500,0
MM 11	M3-Profil-3		0,31	0,08	4,1	0,6	6,1	105,7	4,2	105,9	1311,9	1,4	0,0	0,0	0,2	8,4	0,6	10,6	94,6	403,2	1612,9	14516,1	1920,4	23739,9
MM 1	M1-Profil-1	25 Jahre	0,70	0,11	6,6	1,4	35,3	91,2	2,4	637,5	860,1	1,0	0,0	0,0	1,5	5,4	0,6	8,5	93,5	289,7	1303,7	12650,9	1038,1	20183,5
MM 2	M1-Profil-2		0,69	0,11	6,2	1,4	31,4	85,5	1,8	175,9	937,2	0,9	0,0	0,0	0,4	5,8	0,6	7,7	92,9	303,8	1265,8	12405,1	3032,9	50784,8
MM 3	M1-Profil-3		0,27	0,07	3,7	0,5	14,6	64,3	2,2	125,3	831,3	0,7	0,0	0,0	0,3	4,9	0,6	6,5	90,5	382,8	1913,9	17751,2	1153,1	14306,2
MM 4	M1-Profil-4		0,19	0,05	3,6	0,4	16,7	59,5	1,8	127,7	702,9	0,6	0,0	0,0	0,3	4,1	0,7	5,6	87,6	193,0	1109,5	11432,7	873,1	16353,1
MM 5	M1-Profil-5		0,27	0,07	3,9	0,5	6,9	190,2	4,0	179,1	1138,3	2,2	0,0	0,0	0,3	7,0	0,6	10,1	94,0	301,2	1255,0	14257,0	2143,6	33082,3
MM 18	M6-Profil-1	29 Jahre	0,64	0,10	6,3	1,3	43,0	113,6	1,8	349,2	1142,5	1,4	0,0	0,0	0,8	7,9	0,5	10,6	94,9	344,7	1427,9	13737,1	1900,5	28803,5
MM 19	M6-Profil-2		0,63	0,10	6,0	1,3	44,6	109,4	2,2	284,1	1267,4	1,4	0,0	0,0	0,6	8,9	0,6	11,4	95,2	400,0	1500,0	14300,0	2000,0	28700,0
MM 20	M6-Profil-3		0,42	0,09	4,7	0,8	22,1	257,4	7,8	314,3	1937,8	4,6	0,0	0,0	0,5	13,6	0,6	19,3	97,1	549,7	1499,3	18140,9	4078,0	50874,6
MM 21	M6-Profil-4		0,29	0,07	4,1	0,6	21,9	270,2	11,9	376,1	1941,2	5,0	0,0	0,0	0,6	12,9	0,7	19,3	96,5	600,6	1551,6	18518,5	4154,2	50050,1
MM 30	M5-MPX-O	Wald	1,40	0,19	7,5	2,8	40,1	175,5	2,6	304,8	1712,3	2,1	0,0	0,0	0,6	11,3	0,7	14,7	95,4	495,0	1633,7	14604,0	1871,3	27079,2
MM 31	M5-MPX-U		0,40	0,07	5,6	0,8	43,7	141,3	3,2	187,6	844,1	1,8	0,0	0,0	0,4	5,3	0,6	8,1	93,0	300,6	1603,2	14479,0	8016,0	42735,5
MM 28	M4-MPX-O	1 Jahr	1,16	0,18	6,5	2,3	28,8	302,0	13,4	321,9	2070,7	5,1	0,0	0,0	0,6	13,6	0,8	20,2	95,9	596,4	1988,1	21222,7	4478,1	75596,4
MM 29	M4-MPX-U		0,62	0,11	5,6	1,2	15,9	332,4	27,2	268,5	2348,4	6,0	0,0	0,1	0,6	15,3	0,5	22,5	97,7	601,2	1903,8	22645,3	7019,0	82214,4
MM 24	M2-MPX-O	5 Jahre	0,90	0,13	7,0	1,8	33,9	100,5	1,4	258,4	1285,4	1,3	0,0	0,1	0,6	8,8	0,7	11,4	94,1	395,5	1384,1	13198,2	1571,9	23875,4
MM 25	M2-MPX-U		0,31	0,07	4,4	0,6	19,2	112,9	1,4	146,1	860,4	1,4	0,0	0,0	0,3	5,5	0,6	7,8	92,1	299,9	1349,3	13443,3	1749,1	28785,6
MM 26	M3-MPX-O	15 Jahre	0,72	0,12	5,9	1,4	20,0	85,6	1,8	156,6	1242,8	1,0	0,0	0,0	0,3	7,4	0,5	9,3	94,3	301,5	1557,8	13316,6	1452,3	21457,3
MM 27	M3-MPX-U		0,26	0,07	3,9	0,5	9,1	97,4	1,4	89,1	740,6	1,1	0,0	0,0	0,2	4,8	0,6	6,8	91,0	198,9	1491,8	13376,4	1546,5	23222,3
MM 22	M1-MPX-O	25 Jahre	0,55	0,09	5,8	1,1	26,9	81,3	2,2	186,2	1031,5	0,9	0,0	0,0	0,4	6,2	0,5	8,0	93,3	297,3	1238,9	12338,9	1382,6	25817,6
MM 23	M1-MPX-U		0,27	0,07	3,6	0,5	21,0	74,0	2,6	119,4	781,9	0,8	0,0	0,0	0,3	4,9	0,5	6,6	91,8	199,4	1196,4	12362,9	1276,2	19990,0
MM 32	M6-MPX-O	29 Jahre	0,57	0,09	6,3	1,1	39,4	100,7	2,6	243,1	1306,2	1,3	0,0	0,0	0,4	8,1	0,6	10,5	94,3	401,8	1356,1	13711,7	1838,3	26820,7
MM 33	M6-MPX-U		0,34	0,06	5,5	0,7	32,6	124,1	4,0	215,4	1456,5	1,7	0,0	0,0	0,3	8,4	0,6	11,0	95,0	397,6	1292,2	14363,8	1789,3	27385,7

Tabelle 26a: Bodenchemische und -physikalische Profildaten im Überblick, Teil 1

Codierung	Fläche	Alter	Total Mn [mg/kg]	Total Cu [mg/kg]	Total Fe [mg/kg]	pH (H_2O) 1:2,5	pH(KCl) 1:2,5	$CaCl_2$-lösl. Leitf. [µS/cm]	AL-lösl. Ld [g/cm³]	AL-lösl. gS [Gew.-%]	AL-lösl. mS [Gew.-%]	KAK [$cmol_c$/kg] fS [Gew.-%]	gU [Gew.-%]	mU [Gew.-%]	fU [Gew.-%]	T [Gew.-%]	S [Gew.-%]	U [Gew.-%]	T [Gew.-%]	Total Bodenart	Total wGP	Total eGP	Total MP	Total FP	GPV	GPV (ber.)	LK=wGP	nFK=eGP+MP
MM 15	M5-Profil-1	Wald	297,8	15,1	11428,6	6,71	6,14	262	1,23	2,2	29,2	34,8	10,3	4,5	1,9	17,1	66,2	16,7	17,1	Ls4	27,4	4,8	6,6	12,2	51,0	51,7	27,4	11,5
MM 16	M5-Profil-2		286,8	14,8	10108,8	7,13	6,1	73	1,51	1,7	27,0	35,6	10,9	4,7	1,1	19,0	64,3	16,7	19,0	Ls4	17,0	4,1	7,4	10,7	39,2	42,4	17,0	11,6
MM 17	M5-Profil-3		278,9	14,9	16304,8	5,78	4,13	34	1,71	1,0	21,4	31,4	8,3	4,6	3,6	29,7	53,8	16,5	29,7	Lts	6,7	4,9	0,1	24,1	35,8	34,6	6,7	5,0
MM 12	M4-Profil-1	1 Jahr	246,1	10,0	8438,0	5,03	4,11	169	1,49	0,4	14,2	28,9	12,8	6,1	6,7	30,9	43,5	25,6	30,9	Lts								
MM 13	M4-Profil-2		559,5	30,2	34576,6	5,01	3,89	185	1,60	0,2	5,2	11,6	4,5	9,2	11,6	57,8	16,9	25,3	57,8	Tl								
MM 14	M4-Profil-3		288,5	19,2	16057,7	7,3	5,9	75	1,61	0,3	15,2	34,4	14,3	7,0	1,4	27,5	49,9	22,6	27,5	Lts								
MM 6	M2-Profil-1	5 Jahre	332,2	14,0	11160,5	7,85	7,32	176	1,31	2,2	36,0	27,9	7,0	4,8	4,0	18,2	66,1	15,7	18,2	Ls4	24,7	4,3	9,1	12,3	50,4	50,0	24,7	13,4
MM 7	M2-Profil-2		284,0	10,0	10289,0	7,53	6,45	59	1,58	1,6	36,8	30,6	6,6	4,8	2,4	17,2	69,0	13,8	17,2	St3	18,2	3,6	6,7	9,6	38,1	40,5	18,2	10,4
MM 8	M2-Profil-3		233,9	14,6	12694,9	6,78	5,26	74	1,61	1,2	33,1	28,0	5,5	3,8	2,5	25,8	62,3	11,8	25,8	Ts4	10,3	4,4	7,5	15,6	37,8	39,8	10,3	12,0
MM 9	M3-Profil-1	15 Jahre	244,7	9,8	7366,6	6,35	5,47	77	1,42	1,9	32,6	38,3	9,0	3,8	0,9	13,3	72,9	13,8	13,3	Sl4	24,3	4,8	4,0	9,4	42,6	45,8	24,3	8,8
MM 10	M3-Profil-2		211,5	9,6	8269,2	6,16	4,83	38	1,60	1,7	31,8	36,7	10,0	4,5	0,3	15,0	70,2	14,8	15,0	Sl4	18,5	5,7	4,4	11,0	39,5	39,7	18,5	10,1
MM 11	M3-Profil-3		312,5	15,1	12147,2	6,61	5,14	38	1,52	1,4	28,1	32,9	10,0	4,1	1,5	21,9	62,4	15,6	21,9	Ls4	16,4	4,7	3,8	16,2	41,1	40,9	16,4	8,6
MM 1	M1-Profil-1	25 Jahre	289,7	14,5	7387,7	6,63	5,98	269	1,48	1,2	36,7	34,7	7,0	4,1	2,8	13,6	72,5	13,9	13,6	Sl4								
MM 2	M1-Profil-2		303,8	10,1	8050,6	6,17	5,25	84	1,69	1,2	37,8	35,9	7,0	3,3	2,2	12,7	74,9	12,4	12,7	Sl4								
MM 3	M1-Profil-3		454,5	19,1	31196,2	7,12	6,15	37	1,78	1,0	38,4	38,3	6,4	2,2	1,1	12,6	77,7	9,7	12,6	St2								
MM 4	M1-Profil-4		144,7	9,6	6874,1	6,73	5,49	32	1,59	1,1	38,9	39,1	5,4	2,5	1,1	11,9	79,1	9,0	11,9	St2								
MM 5	M1-Profil-5		235,9	15,1	11696,8	6,92	5,5	44	1,66	0,8	32,4	32,7	6,2	2,2	1,4	24,3	65,9	9,8	24,3	St3								
MM 18	M6-Profil-1	29 Jahre	280,6	14,8	9916,3	6,69	5,79	109	1,43	1,0	36,3	33,6	8,4	2,2	2,7	15,7	70,9	13,4	15,7	Sl4	22,7	6,0	1,1	13,9	43,7	45,5	22,7	7,1
MM 19	M6-Profil-2		310,0	15,0	9420,0	6,91	5,79	71	1,69	0,8	36,6	31,7	9,0	2,5	2,0	17,4	69,1	13,4	17,4	St3	8,7	7,2	-0,9	18,1	33,1	34,1	8,7	6,3
MM 20	M6-Profil-3		294,9	20,0	17761,1	7,36	5,84	62	1,73	0,5	27,0	25,5	5,1	4,2	2,4	35,4	53,0	11,6	35,4	Ts3	6,7	3,0	2,6	31,6	43,9	35,3	6,7	5,6
MM 21	M6-Profil-4		385,4	20,0	18438,4	6,74	5,21	59	1,77	0,6	25,8	23,8	6,2	3,0	2,8	37,8	50,2	12,0	37,8	Ts3	5,4	2,6	3,0	33,0	44,0	31,5	5,4	5,6
MM 30	M5-MPX-O	Wald	287,1	14,9	9856,4	6,48	5,97	148																				
MM 31	M5-MPX-U		230,5	15,0	10651,3	6,45	5,25	49																				
MM 28	M4-MPX-O	1 Jahr	387,7	24,9	21739,6	6,3	5,52	237																				
MM 29	M4-MPX-U		410,8	25,1	28276,6	5,95	4,86	196																				
MM 24	M2-MPX-O	5 Jahre	247,2	9,9	8522,0	6,52	5,74	115																				
MM 25	M2-MPX-U		199,9	10,0	8615,7	6,75	5,76	37																				
MM 26	M3-MPX-O	15 Jahre	231,2	10,1	7507,5	6,97	6,29	121																				
MM 27	M3-MPX-U		184,0	9,9	8175,0	6,97	5,74	32																				
MM 22	M1-MPX-O	25 Jahre	208,1	9,9	7056,5	6,74	6,35	90																				
MM 23	M1-MPX-U		139,6	10,0	7173,5	7,47	5,91	75																				
MM 32	M6-MPX-O	29 Jahre	241,1	15,1	9347,1	6,95	6,15	89																				
MM 33	M6-MPX-U		183,9	14,9	10690,9	7,43	6,22	72																				

Tabelle 26b: Bodenchemische und -physikalische Profildaten im Überblick, Teil 2

								$CaCl_2$-lösl.	AL-lösl.	AL-lösl.	AL-lösl.	KAK [$cmol_c$/kg]							
Codierung	Fläche	Alter	C [%]	N [%]	C/N	Humus [%]	P [mg/kg]	Mg [mg/kg]	Na [mg/kg]	K [mg/kg]	Ca [mg/kg]	Mg	Al	Na	K	Ca	H_3O^+	$KAK_{eff.}$	BS [%]
MM 106	M5-MP1-O	Wald	1,35	0,17	8,0	2,7	44,4	176,1	4,0	302,9	1697,2	2,1	0,0	0,0	0,7	11,0	0,2	14,0	98,6
MM 107	M5-MP2-O	Wald	1,45	0,17	8,5	2,9	40,0	170,7	3,2	281,4	1620,9	2,1	0,0	0,0	0,7	11,3	0,2	14,3	98,3
MM 108	M5-MP3-O	Wald	1,30	0,16	8,1	2,6	40,9	157,5	3,2	319,0	1580,5	1,9	0,0	0,0	0,8	10,6	0,2	13,5	98,3
MM 109	M5-MP4-O	Wald	1,34	0,17	7,8	2,7	39,0	148,4	3,2	268,4	1581,0	1,8	0,0	0,1	0,6	10,6	0,2	13,3	98,5
MM 110	M5-MP5-O	Wald	1,30	0,17	7,8	2,6	40,3	158,7	3,2	327,9	1487,5	2,0	0,0	0,0	0,7	10,0	0,2	12,9	98,5
MM 111	M5-MP6-O	Wald	1,43	0,19	7,7	2,9	39,9	167,1	4,0	308,3	1665,8	2,1	0,0	0,0	0,8	11,3	0,2	14,4	98,5
MM 112	M5-MP7-O	Wald	1,23	0,16	7,8	2,5	41,1	180,7	3,2	280,9	1485,4	2,0	0,0	0,1	0,6	9,7	0,2	12,5	98,3
MM 113	M5-MP8-O	Wald	1,38	0,17	8,2	2,8	39,9	180,0	3,6	320,5	1510,4	2,2	0,0	0,0	0,8	10,4	0,2	13,7	98,5
MM 114	M5-MP9-O	Wald	1,67	0,21	8,0	3,3	27,6	141,9	2,6	254,0	1923,5	1,8	0,0	0,1	0,6	13,2	0,2	16,0	98,6
MM 30	M5-MPX-O	Wald	1,40	0,19	7,5	2,8	40,1	175,5	2,6	304,8	1712,3	2,1	0,0	0,0	0,6	11,3	0,7	14,7	95,4
MM 88	M4-MP1-O	1 Jahr	1,13	0,15	7,7	2,3	19,9	292,5	10,4	223,3	1654,9	4,7	0,0	0,0	0,5	11,3	0,1	16,7	99,1
MM 89	M4-MP2-O	1 Jahr	0,95	0,13	7,5	1,9	22,0	318,0	16,0	200,8	1522,3	5,3	0,0	0,2	0,5	10,8	0,2	16,9	99,0
MM 90	M4-MP3-O	1 Jahr	1,41	0,19	7,5	2,8	39,3	312,3	17,4	392,1	2860,2	6,3	0,0	0,2	0,9	17,0	0,2	24,5	99,4
MM 91	M4-MP4-O	1 Jahr	1,43	0,18	7,9	2,9	35,2	334,0	30,2	369,7	2654,3	4,0	0,0	0,2	0,9	17,3	0,2	22,5	99,3
MM 92	M4-MP5-O	1 Jahr	1,13	0,15	7,4	2,3	46,1	313,6	10,8	358,2	2051,8	4,2	0,0	0,1	0,4	8,8	0,1	13,6	98,9
MM 93	M4-MP6-O	1 Jahr	0,98	0,14	6,8	2,0	23,2	267,6	10,6	250,7	1533,2	5,6	0,0	0,1	0,6	10,8	0,2	17,2	99,0
MM 94	M4-MP7-O	1 Jahr	0,93	0,13	7,0	1,9	10,5	326,4	12,4	309,7	1902,1	4,5	0,0	0,1	0,6	12,1	0,2	17,4	99,1
MM 95	M4-MP8-O	1 Jahr	1,12	0,14	7,8	2,2	26,8	276,6	9,6	341,0	2126,6	4,1	0,0	0,0	0,8	13,5	0,2	18,5	99,1
MM 96	M4-MP9-O	1 Jahr	1,37	0,17	7,9	2,7	22,7	254,5	9,8	312,0	2405,5	4,2	0,0	0,1	0,7	15,1	0,2	20,3	99,2
MM 28	M4-MPX-O	1 Jahr	1,16	0,18	6,5	2,3	28,8	302,0	13,4	321,9	2070,7	5,1	0,0	0,0	0,6	13,6	0,8	20,2	95,9
MM 52	M2-MP1-O	5 Jahre	0,88	0,09	9,9	1,8	30,2	103,4	2,2	250,8	1058,9	1,3	0,0	0,1	0,6	6,9	0,2	9,2	97,3
MM 53	M2-MP2-O	5 Jahre	1,01	0,10	10,0	2,0	40,1	103,3	3,2	261,0	1252,1	1,4	0,0	0,1	0,5	8,5	0,2	10,7	97,7
MM 54	M2-MP3-O	5 Jahre	0,69	0,06	11,1	1,4	25,3	89,4	2,0	215,2	1096,5	1,1	0,0	0,1	0,5	7,4	0,2	9,3	97,7
MM 55	M2-MP4-O	5 Jahre	0,94	0,09	10,0	1,9	31,2	106,0	2,2	259,6	1415,5	1,4	0,0	0,0	0,6	9,1	0,3	11,4	97,8
MM 56	M2-MP5-O	5 Jahre	0,89	0,09	9,9	1,8	26,9	97,0	1,8	218,4	1026,7	1,2	0,0	0,1	0,5	6,7	0,2	8,8	97,5
MM 57	M2-MP6-O	5 Jahre	1,07	0,10	10,8	2,1	33,7	91,0	2,2	230,6	1411,3	1,2	0,0	0,0	0,5	9,3	0,2	11,2	98,0
MM 58	M2-MP7-O	5 Jahre	0,77	0,07	11,0	1,5	23,0	98,7	2,2	215,8	984,7	1,2	0,0	0,1	0,5	6,3	0,2	8,3	97,1
MM 59	M2-MP8-O	5 Jahre	1,21	0,11	10,6	2,4	37,7	90,6	2,2	297,4	1695,6	1,2	0,0	0,2	0,6	10,9	0,2	13,2	98,4
MM 60	M2-MP9-O	5 Jahre	0,79	0,07	10,6	1,6	35,9	93,4	2,6	288,0	1361,7	1,2	0,0	0,1	0,6	8,1	0,2	10,2	97,6
MM 24	M2-MPX-O	5 Jahre	0,90	0,13	7,0	1,8	33,9	100,5	1,4	258,4	1285,4	1,3	0,0	0,1	0,6	8,8	0,7	11,4	94,1
MM 70	M3-MP1-O	15 Jahre	0,46	0,09	5,4	0,9	14,1	87,3	2,0	125,1	723,8	1,0	0,0	0,0	0,3	4,7	0,2	6,2	97,3
MM 71	M3-MP2-O	15 Jahre	0,75	0,11	6,6	1,5	17,6	86,0	2,0	159,6	1205,8	1,0	0,0	0,0	0,3	7,5	0,1	9,0	98,5
MM 72	M3-MP3-O	15 Jahre	0,72	0,09	7,7	1,4	26,2	69,6	2,0	173,2	1791,5	0,9	0,0	0,0	0,4	9,4	0,1	10,8	98,9
MM 73	M3-MP4-O	15 Jahre	0,75	0,09	8,3	1,5	15,0	89,5	2,0	151,6	1022,4	1,0	0,0	0,0	0,3	6,2	0,1	7,7	98,1
MM 74	M3-MP5-O	15 Jahre	0,68	0,10	7,0	1,4	15,4	90,2	2,0	128,2	931,1	1,1	0,0	0,1	0,3	6,0	0,1	7,5	98,3
MM 75	M3-MP6-O	15 Jahre	0,70	0,09	7,4	1,4	22,8	80,2	2,0	164,3	1319,2	1,0	0,0	0,0	0,4	8,2	0,1	9,8	98,5
MM 76	M3-MP7-O	15 Jahre	1,07	0,12	9,0	2,1	29,5	95,4	2,8	184,9	1512,1	1,2	0,0	0,0	0,4	9,9	0,1	11,7	98,8
MM 77	M3-MP8-O	15 Jahre	0,45	0,08	5,9	0,9	9,8	87,1	2,6	136,2	709,9	1,0	0,0	0,0	0,3	4,5	0,2	6,0	97,2
MM 78	M3-MP9-O	15 Jahre	0,62	0,09	6,8	1,2	18,8	80,3	2,6	154,2	1072,9	0,9	0,0	0,0	0,3	6,6	0,1	8,0	98,2
MM 26	M3-MPX-O	15 Jahre	0,72	0,12	5,9	1,4	20,0	85,6	1,8	156,6	1242,8	1,0	0,0	0,0	0,3	7,4	0,5	9,3	94,3
MM 34	M1-MP1-O	25 Jahre	0,49	0,05	10,9	1,0	33,5	86,9	2,6	177,8	686,5	0,9	0,0	0,0	0,4	4,4	0,2	6,0	96,4
MM 35	M1-MP2-O	25 Jahre	0,60	0,07	8,2	1,2	29,2	87,6	3,2	174,4	746,9	1,0	0,0	0,0	0,4	4,7	0,3	6,4	95,6
MM 36	M1-MP3-O	25 Jahre	0,39	0,05	8,4	0,8	22,9	66,3	2,0	163,4	579,1	0,7	0,0	0,0	0,4	3,5	0,3	4,7	94,2
MM 37	M1-MP4-O	25 Jahre	0,55	0,07	7,7	1,1	28,8	80,7	3,6	158,0	1141,3	0,9	0,0	0,0	0,4	7,2	0,2	8,7	97,2
MM 38	M1-MP5-O	25 Jahre	0,60	0,07	8,3	1,2	22,4	93,3	3,6	139,6	971,5	1,1	0,0	0,0	0,3	6,4	0,2	8,0	97,0
MM 39	M1-MP6-O	25 Jahre	0,53	0,08	6,9	1,1	23,1	88,7	3,2	176,6	771,3	1,0	0,0	0,0	0,4	5,0	0,3	6,6	95,9
MM 40	M1-MP7-O	25 Jahre	0,60	0,07	8,5	1,2	31,7	78,9	2,2	209,2	1016,5	0,9	0,0	0,0	0,5	6,2	0,3	7,8	96,6
MM 41	M1-MP8-O	25 Jahre	0,78	0,08	9,7	1,6	38,6	63,3	3,2	275,8	2273,0	0,8	0,0	0,0	0,6	9,1	0,2	10,8	97,8
MM 42	M1-MP9-O	25 Jahre	0,52	0,07	7,4	1,0	27,3	81,6	3,8	143,4	807,5	0,9	0,0	0,0	0,3	5,1	0,2	6,5	96,3
MM 22	M1-MPX-O	25 Jahre	0,55	0,09	5,8	1,1	26,9	81,3	2,2	186,2	1031,5	0,9	0,0	0,0	0,4	6,2	0,5	8,0	93,3
MM 124	M6-MP1-O	29 Jahre	0,64	0,10	6,3	1,3	38,2	81,2	3,0	223,8	1571,2	1,1	0,0	0,0	0,5	9,1	0,6	11,2	95,1
MM 125	M6-MP2-O	29 Jahre	0,46	0,08	6,0	0,9	30,1	103,3	3,0	169,6	1086,4	1,3	0,0	0,0	0,4	6,1	0,5	8,3	93,9
MM 126	M6-MP3-O	29 Jahre	0,63	0,09	7,0	1,3	37,9	85,5	3,0	215,8	1888,3	1,1	0,0	0,0	0,5	10,3	0,4	12,3	96,8
MM 127	M6-MP4-O	29 Jahre	0,49	0,09	5,5	1,0	22,2	104,2	2,8	166,0	1037,0	1,4	0,0	0,0	0,4	6,1	0,4	8,3	95,6
MM 128	M6-MP5-O	29 Jahre	0,69	0,11	6,5	1,4	47,9	93,0	2,6	271,4	1452,3	1,3	0,0	0,0	0,6	8,8	0,4	11,0	96,2
MM 129	M6-MP6-O	29 Jahre	0,60	0,09	6,5	1,2	43,5	99,5	3,0	304,8	1386,3	1,4	0,0	0,0	0,7	8,3	0,3	10,7	96,8
MM 130	M6-MP7-O	29 Jahre	0,62	0,11	5,7	1,2	43,1	107,0	2,6	245,1	1082,2	1,4	0,0	0,0	0,6	6,3	0,5	8,8	93,9
MM 131	M6-MP8-O	29 Jahre	0,61	0,09	6,8	1,2	34,6	91,8	3,0	229,4	1100,8	1,4	0,0	0,0	0,5	6,7	0,6	9,1	93,3
MM 132	M6-MP9-O	29 Jahre	0,49	0,08	6,1	1,0	34,6	79,9	3,0	240,0	1067,0	1,2	0,0	0,0	0,5	6,2	0,5	8,3	94,1
MM 32	M6-MPX-O	29 Jahre	0,57	0,09	6,3	1,1	39,4	100,7	2,6	243,1	1306,2	1,3	0,0	0,0	0,4	8,1	0,6	10,5	94,3

Tabelle 27: Bodenchemische Daten der Mischproben im Überblick - Oberboden (0-30 cm)

								CaCl$_2$-lösl.	AL-lösl.	AL-lösl.	AL-lösl.	KAK [cmol$_c$/kg]							
Codierung	Fläche	Alter	C [%]	N [%]	C/N	Humus [%]	P [mg/kg]	Mg [mg/kg]	Na [mg/kg]	K [mg/kg]	Ca [mg/kg]	Mg	Al	Na	K	Ca	H_3O^+	KAK$_{eff.}$	BS [%]
MM 115	M5-MP1-U	Wald	0,39	0,08	4,9	0,8	36,2	167,3	4,4	134,2	951,1	2,0	0,0	0,1	0,3	6,2	0,2	8,8	97,4
MM 116	M5-MP2-U	Wald	0,29	0,07	4,3	0,6	54,4	169,9	4,4	164,5	753,8	1,9	0,0	0,1	0,4	4,7	0,2	7,3	97,1
MM 117	M5-MP3-U	Wald	0,47	0,09	5,4	0,9	38,0	144,2	3,4	180,6	988,7	1,6	0,0	0,0	0,4	6,1	0,5	8,6	94,2
MM 118	M5-MP4-U	Wald	0,39	0,07	5,3	0,8	27,1	148,3	3,0	149,2	793,5	1,6	0,0	0,0	0,3	4,8	1,1	7,8	86,4
MM 119	M5-MP5-U	Wald	0,36	0,07	5,1	0,7	41,2	151,3	2,6	199,1	770,7	1,7	0,0	0,0	0,5	4,6	0,8	7,5	89,5
MM 120	M5-MP6-U	Wald	0,27	0,06	4,8	0,5	26,7	93,8	2,4	136,1	580,6	1,0	0,0	0,0	0,3	3,4	0,8	5,5	86,3
MM 121	M5-MP7-U	Wald	0,36	0,09	4,0	0,7	31,6	162,1	3,2	211,0	823,3	1,9	0,0	0,0	0,5	5,0	0,6	8,0	92,2
MM 122	M5-MP8-U	Wald	0,25	0,12	2,1	0,5	52,7	213,9	5,8	209,9	843,1	2,6	0,0	0,0	0,5	5,2	0,8	9,1	91,5
MM 123	M5-MP9-U	Wald	0,84	0,13	6,6	1,7	24,4	135,5	3,0	198,7	1094,2	1,6	0,0	0,0	0,4	6,7	0,8	9,5	91,3
MM 31	M5-MPX-U	Wald	0,40	0,07	5,6	0,8	43,7	141,3	3,2	187,6	844,1	1,8	0,0	0,0	0,4	5,3	0,6	8,1	93,0
MM 97	M4-MP1-U	1 Jahr	0,55	0,09	6,1	1,1	8,7	281,1	15,1	121,7	1520,9	5,0	0,0	0,1	0,3	10,0	0,2	15,6	98,6
MM 98	M4-MP2-U	1 Jahr	0,62	0,08	7,9	1,2	12,3	315,8	20,2	222,0	1674,3	6,3	0,0	0,1	0,4	10,5	0,2	17,6	98,7
MM 99	M4-MP3-U	1 Jahr	1,13	0,15	7,8	2,3	17,0	320,8	45,7	320,1	3647,8	7,3	0,0	0,2	0,5	18,6	0,2	26,8	99,2
MM 100	M4-MP4-U	1 Jahr	0,80	0,12	6,6	1,6	21,6	383,8	74,5	366,8	4079,8	6,3	0,0	0,3	0,5	17,7	0,2	25,0	99,1
MM 101	M4-MP5-U	1 Jahr	0,65	0,11	6,0	1,3	23,7	330,7	17,9	276,5	1954,5	5,4	0,0	0,1	0,6	13,1	0,2	19,5	98,8
MM 102	M4-MP6-U	1 Jahr	0,67	0,11	6,3	1,3	12,3	300,9	25,6	242,2	1884,4	5,5	0,0	0,2	0,6	12,9	0,2	19,4	98,8
MM 103	M4-MP7-U	1 Jahr	0,52	0,11	4,9	1,0	9,4	315,2	13,8	253,5	1833,0	5,8	0,0	0,1	0,6	12,4	0,2	19,1	98,7
MM 104	M4-MP8-U	1 Jahr	0,65	0,12	5,5	1,3	15,8	311,7	22,2	271,6	2180,6	5,7	0,0	0,0	0,7	14,4	0,2	21,1	98,9
MM 105	M4-MP9-U	1 Jahr	0,84	0,14	6,2	1,7	11,3	314,1	26,4	295,3	2890,4	6,4	0,0	0,1	0,6	17,8	0,2	25,2	99,1
MM 29	M4-MPX-U	1 Jahr	0,62	0,11	5,6	1,2	15,9	332,4	27,2	268,5	2348,4	6,0	0,0	0,1	0,6	15,3	0,5	22,5	97,7
MM 61	M2-MP1-U	5 Jahre	0,29	0,03	11,3	0,6	11,5	111,2	2,0	111,0	810,1	1,3	0,0	0,2	0,2	4,7	0,3	6,8	96,0
MM 62	M2-MP2-U	5 Jahre	0,40	0,02	16,5	0,8	26,3	89,1	2,0	125,6	979,6	1,1	0,0	0,1	0,2	6,4	0,3	8,1	96,7
MM 63	M2-MP3-U	5 Jahre	0,31	0,03	9,5	0,6	23,2	139,4	2,0	154,6	757,4	1,7	0,0	0,1	0,3	4,5	0,2	6,8	96,8
MM 64	M2-MP4-U	5 Jahre	0,30	0,04	8,4	0,6	15,0	135,1	2,6	144,2	877,1	1,7	0,0	0,0	0,3	5,6	0,3	7,9	96,3
MM 65	M2-MP5-U	5 Jahre	0,23	0,02	9,4	0,5	12,9	89,2	2,0	95,2	602,8	1,0	0,0	0,1	0,2	3,8	0,2	5,4	95,4
MM 66	M2-MP6-U	5 Jahre	0,41	0,04	11,4	0,8	14,7	114,2	2,6	144,0	875,1	1,4	0,0	0,0	0,3	5,6	0,2	7,4	97,0
MM 67	M2-MP7-U	5 Jahre	0,31	0,06	5,1	0,6	7,3	122,3	2,6	150,7	920,4	1,6	0,0	0,0	0,3	5,8	0,2	8,0	97,0
MM 68	M2-MP8-U	5 Jahre	0,26	0,06	4,1	0,5	30,2	96,3	3,4	194,8	1087,8	1,3	0,0	0,3	0,4	7,2	0,2	9,3	98,0
MM 69	M2-MP9-U	5 Jahre	0,30	0,07	4,1	0,6	15,2	113,1	2,0	213,7	900,6	1,4	0,0	0,2	0,4	5,9	0,2	8,1	97,5
MM 25	M2-MPX-U	5 Jahre	0,31	0,07	4,4	0,6	19,2	112,9	1,4	146,1	860,4	1,4	0,0	0,0	0,3	5,5	0,6	7,8	92,1
MM 79	M3-MP1-U	15 Jahre	0,39	0,06	6,8	0,8	5,6	123,1	3,4	102,9	750,2	1,5	0,0	0,1	0,2	4,6	0,2	6,5	97,4
MM 80	M3-MP2-U	15 Jahre	0,29	0,06	4,7	0,6	4,7	94,4	2,6	97,9	783,8	1,1	0,0	0,0	0,2	4,8	0,2	6,3	97,3
MM 81	M3-MP3-U	15 Jahre	0,27	0,05	5,8	0,5	15,3	98,2	3,0	140,3	852,4	1,2	0,0	0,1	0,3	5,3	0,1	7,0	98,1
MM 82	M3-MP4-U	15 Jahre	0,38	0,07	5,7	0,8	7,5	81,6	2,6	119,4	1051,9	1,0	0,0	0,1	0,2	6,4	0,1	7,8	98,2
MM 83	M3-MP5-U	15 Jahre	0,26	0,05	5,1	0,5	6,0	81,7	3,0	92,6	607,2	0,9	0,0	0,1	0,2	3,6	0,2	4,9	96,8
MM 84	M3-MP6-U	15 Jahre	0,26	0,06	4,5	0,5	6,5	109,9	3,2	113,0	719,2	1,3	0,0	0,0	0,2	4,4	0,1	6,0	97,8
MM 85	M3-MP7-U	15 Jahre	0,31	0,06	5,6	0,6	8,5	113,5	3,0	107,2	733,0	1,4	0,0	0,0	0,2	4,5	0,1	6,1	98,1
MM 86	M3-MP8-U	15 Jahre	0,25	0,04	6,6	0,5	3,5	96,2	3,0	91,2	606,6	1,1	0,0	0,0	0,1	3,7	0,1	5,0	97,4
MM 87	M3-MP9-U	15 Jahre	0,23	0,05	4,6	0,5	10,2	75,2	2,0	72,8	675,5	0,8	0,0	0,0	0,1	4,0	0,1	5,0	97,5
MM 27	M3-MPX-U	15 Jahre	0,26	0,07	3,9	0,5	9,1	97,4	1,4	89,1	740,6	1,1	0,0	0,0	0,2	4,8	0,6	6,8	91,0
MM 43	M1-MP1-U	25 Jahre	0,18	0,00	n.b.	0,4	32,9	71,9	3,2	112,0	581,5	0,8	0,0	0,0	0,3	3,5	0,3	4,8	94,6
MM 44	M1-MP2-U	25 Jahre	0,22	0,01	15,5	0,4	15,3	89,8	2,2	98,4	584,3	1,0	0,0	0,0	0,2	3,7	0,3	5,2	94,8
MM 45	M1-MP3-U	25 Jahre	0,25	0,00	n.b.	0,5	12,0	44,3	2,2	83,4	632,7	0,5	0,0	0,0	0,2	3,9	0,3	4,8	94,2
MM 46	M1-MP4-U	25 Jahre	0,34	0,02	14,8	0,7	9,2	60,5	2,6	98,8	852,3	0,7	0,0	-0,1	0,2	5,0	0,3	6,2	95,4
MM 47	M1-MP5-U	25 Jahre	0,29	0,03	8,9	0,6	4,7	107,5	5,8	69,2	899,3	1,4	0,0	0,0	0,1	6,0	0,3	7,8	96,4
MM 48	M1-MP6-U	25 Jahre	0,29	0,01	29,2	0,6	23,4	94,2	6,2	114,6	725,3	1,1	0,0	0,0	0,3	4,6	0,3	6,1	95,9
MM 49	M1-MP7-U	25 Jahre	0,35	0,02	17,3	0,7	18,4	55,2	3,2	164,0	1292,5	0,7	0,0	0,0	0,4	6,5	0,3	7,8	96,5
MM 50	M1-MP8-U	25 Jahre	0,24	0,02	9,8	0,5	31,3	57,8	2,2	186,2	935,3	0,7	0,0	0,0	0,4	5,7	0,3	7,2	96,2
MM 51	M1-MP9-U	25 Jahre	0,28	0,01	25,2	0,6	18,6	64,3	3,2	118,6	649,5	0,7	0,0	0,0	0,3	3,8	0,3	5,1	94,5
MM 23	M1-MPX-U	25 Jahre	0,27	0,07	3,6	0,5	21,0	74,0	2,6	119,4	781,9	0,8	0,0	0,0	0,3	4,9	0,5	6,6	91,8
MM 133	M6-MP1-U	29 Jahre	0,34	0,07	4,8	0,7	16,0	82,1	3,0	166,6	1319,7	1,3	0,0	0,0	0,4	8,2	0,6	10,4	94,5
MM 134	M6-MP2-U	29 Jahre	0,22	0,06	3,6	0,4	14,9	83,5	2,4	107,3	860,2	1,2	0,0	0,0	0,2	4,7	0,5	6,6	92,0
MM 135	M6-MP3-U	29 Jahre	0,42	0,08	5,4	0,8	26,2	133,0	5,8	161,3	1789,9	2,6	0,0	0,0	0,3	11,6	0,5	15,1	96,7
MM 136	M6-MP4-U	29 Jahre	0,30	0,07	4,2	0,6	23,6	180,8	5,6	121,6	2971,1	2,8	0,0	0,0	0,3	9,7	0,3	13,1	97,4
MM 137	M6-MP5-U	29 Jahre	0,38	0,09	4,3	0,8	55,1	87,3	2,6	244,9	1703,4	1,2	0,0	0,0	0,5	8,7	0,5	11,0	95,4
MM 138	M6-MP6-U	29 Jahre	0,46	0,09	5,3	0,9	66,1	121,4	4,0	496,0	1789,8	2,3	0,0	0,0	1,1	11,7	0,7	15,8	95,6
MM 139	M6-MP7-U	29 Jahre	0,34	0,07	4,6	0,7	27,3	113,7	3,4	169,0	941,6	1,6	0,0	0,0	0,4	5,4	0,8	8,2	90,8
MM 140	M6-MP8-U	29 Jahre	0,33	0,08	4,2	0,7	22,2	128,3	4,0	199,4	1301,1	2,1	0,0	0,0	0,5	8,0	0,6	11,1	94,5
MM 141	M6-MP9-U	29 Jahre	0,36	0,07	5,3	0,7	33,4	82,1	2,0	233,7	1147,5	1,3	0,0	0,0	0,5	7,1	0,7	9,6	92,9
MM 33	M6-MPX-U	29 Jahre	0,34	0,06	5,5	0,7	32,6	124,1	4,0	215,4	1456,5	1,7	0,0	0,0	0,3	8,4	0,6	11,0	95,0

Tabelle 28: Bodenchemische Daten der Mischproben im Überblick - Unterboden (30-60 cm)

Probename	Bodentyp	Basen-Sätt.	Ca/Mg	K/Mg	Mg/K	Mg-Sättigung	Al-Sättigung	Na-Sättigung	K-Sättigung	Ca-Sättigung
MM 30	M5-MPX-O	95,37	5,50	0,31	3,18	13,98	0,00	0,07	4,40	76,92
MM 28	M4-MPX-O	95,94	2,65	0,12	8,32	25,37	0,00	0,22	3,05	67,30
MM 24	M2-MPX-O	94,10	6,84	0,45	2,23	11,24	0,00	0,91	5,04	76,91
MM 26	M3-MPX-O	94,27	7,26	0,30	3,37	10,97	0,00	0,36	3,26	79,67
MM 22	M1-MPX-O	93,29	6,64	0,43	2,34	11,55	0,00	0,08	4,93	76,73
MM 32	M6-MPX-O	94,34	6,19	0,33	3,03	12,54	0,00	0,10	4,14	77,56
MM 31	M5-MPX-U	92,99	3,01	0,22	4,54	21,93	0,00	0,15	4,83	66,08
MM 29	M4-MPX-U	97,72	2,54	0,09	10,89	26,76	0,00	0,43	2,46	68,06
MM 25	M2-MPX-U	92,08	3,96	0,23	4,33	17,75	0,00	0,01	4,10	70,22
MM 27	M3-MPX-U	91,04	4,26	0,15	6,55	16,78	0,00	0,23	2,56	71,47
MM 23	M1-MPX-U	91,83	5,85	0,31	3,20	12,78	0,00	0,22	3,99	74,84
MM 33	M6-MPX-U	94,98	4,92	0,19	5,38	15,53	0,00	0,14	2,89	76,42

Tabelle 29: Quotienten und Sättigungswerte der Kationenaustauschkapazität an ausgewählten Mischproben

Organische Substanz

Oberboden	Wald	1Jahr	5Jahre	15Jahre	25Jahre	29Jahre
Wald	0,00					
1Jahr	0,45	0,00				
5Jahre	0,94	0,49	0,00			
15Jahre	1,39	0,94	0,45	0,00		
25Jahre	1,65	1,20	0,71	0,26	0,00	
29Jahre	1,61	1,16	0,67	0,22	0,04	0,00

Unterboden	Wald	1Jahr	5Jahre	15Jahre	25Jahre	29Jahre
Wald	0,00					
1Jahr	0,61	0,00				
5Jahre	0,18	0,79	0,00			
15Jahre	0,22	0,83	0,05	0,00		
25Jahre	0,26	0,87	0,09	0,04	0,00	
29Jahre	0,10	0,71	0,07	0,12	0,16	0,00

Stickstoff

Oberboden	Wald	1Jahr	5Jahre	15Jahre	25Jahre	29Jahre
Wald	0,00					
1Jahr	0,02	0,00				
5Jahre	0,08	0,06	0,00			
15Jahre	0,08	0,06	0,01	0,00		
25Jahre	0,10	0,09	0,02	0,03	0,00	
29Jahre	0,08	0,06	0,00	0,01	0,02	0,00

Unterboden	Wald	1Jahr	5Jahre	15Jahre	25Jahre	29Jahre
Wald	0,00					
1Jahr	0,03	0,00				
5Jahre	0,04	0,07	0,00			
15Jahre	0,03	0,06	0,01	0,00		
25Jahre	0,06	0,09	0,02	0,03	0,00	
29Jahre	0,01	0,04	0,03	0,02	0,05	0,00

C/N

Oberboden	Wald	1Jahr	5Jahre	15Jahre	25Jahre	29Jahre
Wald	0,00					
1Jahr	0,54	0,00				
5Jahre	2,15	2,69	0,00			
15Jahre	0,92	0,38	3,07	0,00		
25Jahre	0,23	0,77	1,92	1,15	0,00	
29Jahre	1,68	1,14	3,82	0,75	1,91	0,00

Unterboden	Wald	1Jahr	5Jahre	15Jahre	25Jahre	29Jahre
Wald	0,00					
1Jahr	1,47	0,00				
5Jahre	3,61	2,14	0,00			
15Jahre	0,50	0,97	3,11	0,00		
25Jahre	10,71	9,24	7,10	10,21	0,00	
29Jahre	0,11	1,57	3,72	0,61	10,82	0,00

Phosphor

Oberboden	Wald	1Jahr	5Jahre	15Jahre	25Jahre	29Jahre
Wald	0,00					
1Jahr	11,85	0,00				
5Jahre	7,51	4,34	0,00			
15Jahre	20,38	8,54	12,88	0,00		
25Jahre	10,84	1,00	3,34	9,54	0,00	
29Jahre	2,16	9,69	5,35	18,22	8,69	0,00

Unterboden	Wald	1Jahr	5Jahre	15Jahre	25Jahre	29Jahre
Wald	0,00					
1Jahr	22,79	0,00				
5Jahre	20,03	2,76	0,00			
15Jahre	29,90	7,11	9,87	0,00		
25Jahre	18,91	3,88	1,12	10,99	0,00	
29Jahre	5,85	16,94	14,18	24,05	13,05	0,00

KAK

Oberboden	Wald	1Jahr	5Jahre	15Jahre	25Jahre	29Jahre
Wald	0,00					
1Jahr	4,86	0,00				
5Jahre	3,58	8,43	0,00			
15Jahre	5,34	10,20	1,76	0,00		
25Jahre	6,58	11,43	3,00	1,23	0,00	
29Jahre	4,09	8,95	0,51	1,25	2,48	0,00

Unterboden	Wald	1Jahr	5Jahre	15Jahre	25Jahre	29Jahre
Wald	0,00					
1Jahr	13,15	0,00				
5Jahre	0,45	13,60	0,00			
15Jahre	1,89	15,04	1,44	0,00		
25Jahre	1,87	15,01	1,41	0,03	0,00	
29Jahre	3,18	9,97	3,63	5,07	5,05	0,00

Calcium (KAK)

Oberboden	Wald	1Jahr	5Jahre	15Jahre	25Jahre	29Jahre
Wald	0,00					
1Jahr	2,09	0,00				
5Jahre	2,72	4,81	0,00			
15Jahre	3,89	5,98	1,17	0,00		
25Jahre	5,15	7,24	2,43	1,26	0,00	
29Jahre	3,34	5,43	0,62	0,55	1,81	0,00

Unterboden	Wald	1Jahr	5Jahre	15Jahre	25Jahre	29Jahre
Wald	0,00					
1Jahr	9,09	0,00				
5Jahre	0,32	8,77	0,00			
15Jahre	0,57	9,67	0,89	0,00		
25Jahre	0,42	9,52	0,74	0,15	0,00	
29Jahre	3,16	5,94	2,84	3,73	3,58	0,00

Kalium (KAK)

Oberboden	Wald	1Jahr	5Jahre	15Jahre	25Jahre	29Jahre
Wald	0,00					
1Jahr	0,06	0,00				
5Jahre	0,16	0,10	0,00			
15Jahre	0,37	0,31	0,21	0,00		
25Jahre	0,28	0,22	0,12	0,09	0,00	
29Jahre	0,21	0,15	0,05	0,16	0,07	0,00

Unterboden	Wald	1Jahr	5Jahre	15Jahre	25Jahre	29Jahre
Wald	0,00					
1Jahr	0,15	0,00				
5Jahre	0,10	0,25	0,00			
15Jahre	0,22	0,37	0,12	0,00		
25Jahre	0,13	0,28	0,03	0,09	0,00	
29Jahre	0,07	0,08	0,17	0,29	0,20	0,00

Magnesium (KAK)

Oberboden	Wald	1Jahr	5Jahre	15Jahre	25Jahre	29Jahre
Wald	0,00					
1Jahr	2,79	0,00				
5Jahre	0,76	3,54	0,00			
15Jahre	1,00	3,78	0,24	0,00		
25Jahre	1,09	3,88	0,33	0,09	0,00	
29Jahre	0,73	3,52	0,02	0,26	0,36	0,00

Unterboden	Wald	1Jahr	5Jahre	15Jahre	25Jahre	29Jahre
Wald	0,00					
1Jahr	4,20	0,00				
5Jahre	0,38	4,57	0,00			
15Jahre	0,64	4,84	0,27	0,00		
25Jahre	0,94	5,14	0,56	0,29	0,00	
29Jahre	0,03	4,16	0,41	0,68	0,97	0,00

Natrium (KAK)

Oberboden	Wald	1Jahr	5Jahre	15Jahre	25Jahre	29Jahre
Wald	0,00					
1Jahr	0,08	0,00				
5Jahre	0,04	0,03	0,00			
15Jahre	0,00	0,08	0,05	0,00		
25Jahre	0,05	0,13	0,10	0,05	0,00	
29Jahre	0,03	0,11	0,08	0,03	0,02	0,00

Unterboden	Wald	1Jahr	5Jahre	15Jahre	25Jahre	29Jahre
Wald	0,00					
1Jahr	0,08	0,00				
5Jahre	0,06	0,02	0,00			
15Jahre	0,01	0,09	0,07	0,00		
25Jahre	0,04	0,12	0,10	0,03	0,00	
29Jahre	0,02	0,10	0,08	0,01	0,02	0,00

H_3O^+(KAK)

Oberboden	Wald	1Jahr	5Jahre	15Jahre	25Jahre	29Jahre
Wald	0,00					
1Jahr	0,04	0,00				
5Jahre	0,02	0,05	0,00			
15Jahre	0,08	0,04	0,09	0,00		
25Jahre	0,02	0,06	0,00	0,10	0,00	
29Jahre	0,22	0,26	0,20	0,30	0,20	0,00

Unterboden	Wald	1Jahr	5Jahre	15Jahre	25Jahre	29Jahre
Wald	0,00					
1Jahr	0,37	0,00				
5Jahre	0,36	0,02	0,00			
15Jahre	0,44	0,07	0,09	0,00		
25Jahre	0,33	0,04	0,02	0,11	0,00	
29Jahre	0,06	0,32	0,30	0,39	0,27	0,00

Basensättigung (KAK)

Oberboden	Wald	1Jahr	5Jahre	15Jahre	25Jahre	29Jahre
Wald	0,00					
1Jahr	0,67	0,00				
5Jahre	0,82	1,49	0,00			
15Jahre	0,34	1,00	0,49	0,00		
25Jahre	2,12	2,79	1,30	1,78	0,00	
29Jahre	3,15	3,81	2,32	2,81	1,03	0,00

Unterboden	Wald	1Jahr	5Jahre	15Jahre	25Jahre	29Jahre
Wald	0,00					
1Jahr	6,87	0,00				
5Jahre	4,39	2,47	0,00			
15Jahre	5,06	1,81	0,67	0,00		
25Jahre	3,14	3,73	1,26	1,92	0,00	
29Jahre	2,59	4,27	1,80	2,47	0,54	0,00

Tabelle 30a: t-Test-Ergebnisse, Teil 1
(die Werte stellen die Differenz der Mittelwerte dar, rot: die Mittelwerte sind zu 95% signifikant verschieden)

Calcium (AL)

Oberboden	Wald	1Jahr	5Jahre	15Jahre	25Jahre	29Jahre
Wald	0,00					
1Jahr	451,73	0,00				
5Jahre	367,61	819,34	0,00			
15Jahre	473,29	925,02	105,68	0,00		
25Jahre	623,92	1075,65	256,31	150,63	0,00	
29Jahre	328,66	780,39	38,95	144,63	295,26	0,00

Unterboden	Wald	1Jahr	5Jahre	15Jahre	25Jahre	29Jahre
Wald	0,00					
1Jahr	1557,08	0,00				
5Jahre	22,81	1534,27	0,00			
15Jahre	92,28	1649,36	115,09	0,00		
25Jahre	50,84	1607,92	73,65	41,44	0,00	
29Jahre	683,75	873,34	660,94	776,03	734,59	0,00

Kalium (AL)

Oberboden	Wald	1Jahr	5Jahre	15Jahre	25Jahre	29Jahre
Wald	0,00					
1Jahr	11,12	0,00				
5Jahre	47,31	58,43	0,00			
15Jahre	143,40	154,52	96,09	0,00		
25Jahre	116,38	127,50	69,08	27,02	0,00	
29Jahre	65,89	77,01	18,59	77,51	50,49	0,00

Unterboden	Wald	1Jahr	5Jahre	15Jahre	25Jahre	29Jahre
Wald	0,00					
1Jahr	86,74	0,00				
5Jahre	29,10	115,85	0,00			
15Jahre	74,45	161,19	45,34	0,00		
25Jahre	60,65	147,39	31,54	13,80	0,00	
29Jahre	34,43	52,31	63,54	108,88	95,08	0,00

Natrium (AL)

Oberboden	Wald	1Jahr	5Jahre	15Jahre	25Jahre	29Jahre
Wald	0,00					
1Jahr	10,77	0,00				
5Jahre	1,08	11,85	0,00			
15Jahre	1,10	11,87	0,02	0,00		
25Jahre	0,32	11,09	0,76	0,78	0,00	
29Jahre	0,42	11,20	0,65	0,68	0,11	0,00

Unterboden	Wald	1Jahr	5Jahre	15Jahre	25Jahre	29Jahre
Wald	0,00					
1Jahr	25,33	0,00				
5Jahre	1,27	26,60	0,00			
15Jahre	0,81	26,14	0,46	0,00		
25Jahre	0,19	25,52	1,08	0,62	0,00	
29Jahre	0,15	25,18	1,42	0,96	0,34	0,00

Magnesium ($CaCl_2$)

Oberboden	Wald	1Jahr	5Jahre	15Jahre	25Jahre	29Jahre
Wald	0,00					
1Jahr	134,09	0,00				
5Jahre	68,31	202,41	0,00			
15Jahre	80,52	214,61	12,21	0,00		
25Jahre	84,77	218,86	16,46	4,25	0,00	
29Jahre	71,03	205,12	2,71	9,50	13,75	0,00

Unterboden	Wald	1Jahr	5Jahre	15Jahre	25Jahre	29Jahre
Wald	0,00					
1Jahr	167,91	0,00				
5Jahre	40,47	208,39	0,00			
15Jahre	55,63	223,54	15,16	0,00		
25Jahre	80,79	248,70	40,32	25,16	0,00	
29Jahre	39,12	207,03	1,36	16,51	41,67	0,00

Tabelle 30b: t-Test-Ergebnisse, Teil 2
(die Werte stellen die Differenz der Mittelwerte dar, rot: die Mittelwerte sind zu 95% signifikant verschieden)

	Organische Substanz		Stickstoff		C/N		Phospor		KAK	
	Oberboden	Unterboden	Oberboden	Unterboden	Oberboden	Unterboden	Oberboden	Unterboden	Oberboden	Unterboden
Mittelwert (gesamt)	1,76	0,77	0,11	0,07	7,82	7,24	30,51	21,34	11,48	10,04
Median (gesamt)	1,55	0,67	0,10	0,07	7,71	5,49	30,16	17,68	10,73	7,88
Modalwert (klassifiziert)	1,22	0,65	0,09	0,07	7,40	7,40	25,00	15,00	9,25	7,80
Minimum	0,78	0,36	0,05	0,00	5,40	2,14	9,78	3,49	4,71	4,82
Maximum	3,34	2,25	0,21	0,15	11,08	29,20	47,91	66,06	24,52	26,76
Standardabweichung	0,67	0,37	0,04	0,03	1,50	4,99	9,35	13,78	4,28	5,66
Variationskoeffizient	38,16	47,34	36,28	52,40	19,15	68,89	30,64	64,57	37,30	56,39
Schiefe	0,50	1,98	0,55	0,17	0,64	2,73	-0,25	1,21	1,00	1,57

	Calcium (KAK)		Kalium (KAK)		Magnesium (KAK)		Natrium (KAK)		H_30^+(KAK)	
	Oberboden	Unterboden	Oberboden	Unterboden	Oberboden	Unterboden	Oberboden	Unterboden	Oberboden	Unterboden
Mittelwert (gesamt)	8,76	7,11	0,52	0,35	1,88	2,16	0,04	0,05	0,29	0,37
Median (gesamt)	8,63	5,58	0,49	0,32	1,28	1,42	0,03	0,02	0,23	0,27
Modalwert (klassifiziert)	9,53	5,22	0,43	0,26	1,42	1,39	0,04	0,02	0,21	0,24
Minimum	3,47	3,41	0,29	0,12	0,66	0,45	-0,05	-0,06	0,12	0,12
Maximum	17,25	18,57	0,87	1,11	6,28	7,30	0,22	0,27	0,82	1,05
Standardabweichung	3,01	3,85	0,15	0,17	1,40	1,80	0,06	0,07	0,16	0,22
Variationskoeffizient	34,36	54,09	29,60	49,13	74,30	83,69	149,33	146,77	57,74	59,98
Schiefe	0,73	1,57	0,40	1,64	1,77	1,65	1,30	1,53	1,49	1,01

	Basensättigung (KAK)		Calcium (AL)		Kalium (AL)		Natrium (AL)		Magnesium ($CaCl_2$)	
	Oberboden	Unterboden	Oberboden	Unterboden	Oberboden	Unterboden	Oberboden	Unterboden	Oberboden	Unterboden
Mittelwert (gesamt)	97,18	95,56	1402,82	1197,74	236,50	169,92	4,59	7,40	137,22	144,73
Median (gesamt)	97,69	96,44	1373,99	888,21	235,31	149,95	2,99	3,09	97,84	113,58
Modalwert (klassifiziert)	98,37	96,92	1180,00	779,41	266,67	140,00	2,00	5,15	82,86	105,22
Minimum	93,28	86,34	579,14	580,60	125,13	69,19	1,40	1,39	63,26	44,26
Maximum	99,36	99,20	2860,17	4079,79	392,06	496,05	30,19	74,52	333,96	383,76
Standardabweichung	1,75	2,99	485,11	742,06	67,97	78,50	4,95	12,10	79,78	86,14
Variationskoeffizient	1,80	3,13	34,58	61,95	28,74	46,19	107,99	163,57	58,14	59,52
Schiefe	-0,81	-1,22	0,79	2,14	0,21	1,63	3,18	3,78	1,43	1,39

Tabelle 31: Statistische Parameter der Mischproben

	Erklärte Varianzen	
	Oberboden	Unterboden
C	84,1	66,8
N	85,1	74,8
C/N-Ratio	64,5	61,1
org. Sustanz [%]	84,1	66,8
P-Olsen	52,5	55,6
Magnesium (Schachtschabel)	97,2	92,7
Kalium (Egner-Riehm)	69,7	50,8
Calium (Egner-Riehm)	54,8	66,3
Natrium (Egner-Riehm)	75,0	64,2
Magnesium (KAK)	95,1	94,8
Aluminium (KAK)	n.b.	n.b.
Natrium (KAK)	55,5	41,1
Kalium (KAK)	66,2	52,8
Calcium (KAK)	68,1	81,3
H_3O^+ (KAK)	33,2	57,9
KAK (gesamt)	82,0	87,7
Basensättigung	56,0	52,2

n.b. - nicht bestimmbar

Tabelle 32: Erklärte Varianzen ausgewählter Parameter der Mischproben

Meses	enero	febrero	marzo	abril	mayo	junio	julio	agosto	sept.	octubre	nov.	diciem.	Suma
1970	188	67	165	16	32	13	57	19	0	35	82	102	776
1971	51	123	83	32	25	28	0	51	60	28	47	102	630
1972	50	203	92	133	25	228	0	184	5	22	60	114	1116
1973	35	190	165	114	103	19	48	0	0	162	285	292	1413
1974	110	80	117	190	41	13	48	38	13	289	38	86	1063
1975	152	51	57	120	13	54	45	70	42	38	124	152	918
1976	10	105	44	0	6	29	0	0	16	48	10	216	484
1977	218	54	86	114	64	20	13	170	53	10	137	135	1074
1978	165	81	74	28	28	137	0	20	18	125	63	241	980
1979	242	267	84	251	117	15	18	10	35	0	107	58	1204
1980	94	193	69	195	119	3	0	76	58	13	26	152	998
1981	239	66	307	130	208	18	0	76	117	147	28	163	1499
1982	142	224	208	38	94	96	26	30	26	127	117	122	1250
1983	366	61	251	170	160	71	165	15	0	165	208	198	1830
1984	282	36	167	48	38	66	36	56	38	74	104	236	1181
1985	46	86	150	256	51	86	74	13	71	28	36	218	1115
1986	110	356	277	76	71	33	38	3	76	33	200	180	1453
1987	132	74	76	99	46	53	122	28	10	107	140	157	1044
1988	69	86	119	61	33	0	23	0	30	104	0	160	685
1989	175	158	43	262	66	91	56	10	30	0	10	214	1115
1990	64	71	18	53	180	61	18	43	48	46	96	120	818
1991	363	244	81	135	26	18	28	0	46	112	114	64	1231
1992	208	262	104	267	226	56	41	58	117	38	41	145	1563
1993	61	107	102	23	71	5	46	99	56	28	124	462	1184
1994	94	94	106	120	28	10	0	10	91	160	5	236	954
1995	132	155	89	96	10	15	61	10	20	107	76	110	881
1996	110	63	92	96	20	18	3	40	81	211	190	138	1062
1997	333	216	61	66	5	36	0	10	112	96	74	120	1129
1998	193	238	99	5	0	20	0	36					591
Promedio	**151,5**	**134,8**	**117,4**	**113,9**	**68,1**	**46,1**	**34,5**	**40,7**	**45,3**	**84,0**	**90,8**	**167,6**	**1094,6**
Maximo	*366*	*356*	*307*	*267*	*226*	*228*	*165*	*184*	*117*	*289*	*285*	*462*	*1830*
Minimo	*10*	*36*	*18*	*0*	*5*	*0*	*0*	*0*	*0*	*0*	*0*	*58*	*484*
Diferencia		320	289	267	221	228	165	184	117	289	285	404	1346

Tabelle 33: Niederschlagsdaten in der Kolonie Riva Palacios, Campo 15 Quelle: IP-Projekt

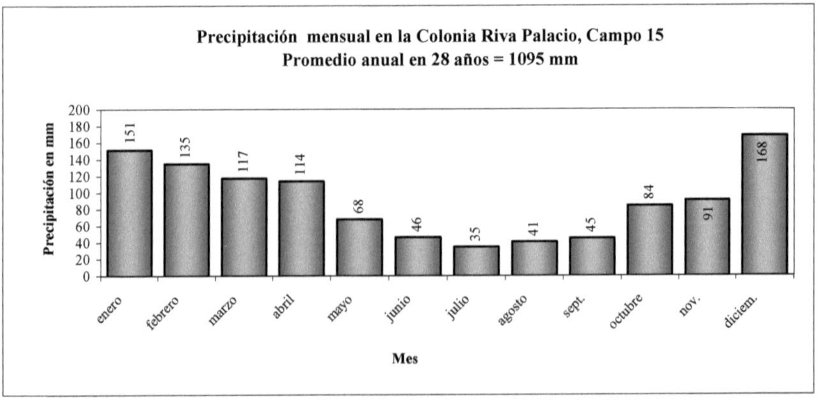

Abbildung 31: Niederschlagsverteilung Riva Palacios, Campo 15 Quelle: IP-Projekt

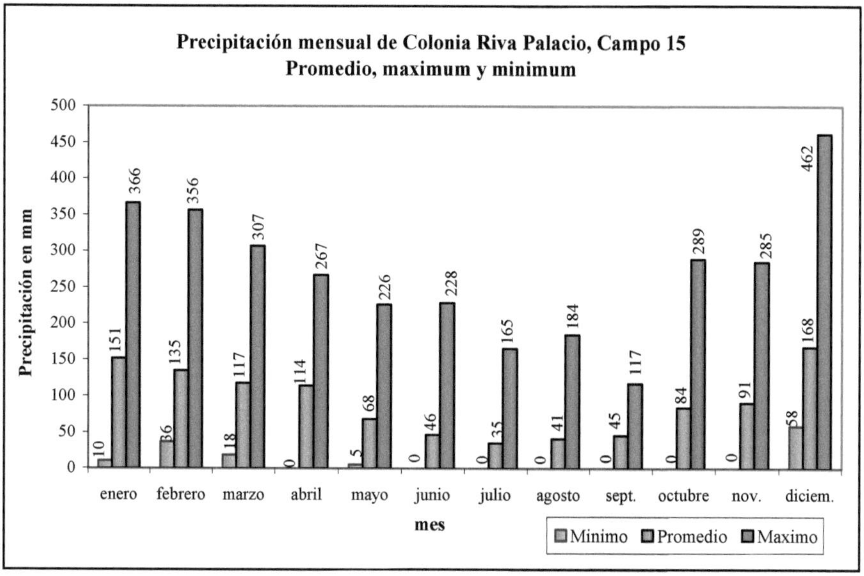

Abb. 32: Niederschlagsverteilung Riva Palacios, Campo 15, Minimum und Maximum Quelle: s.u.

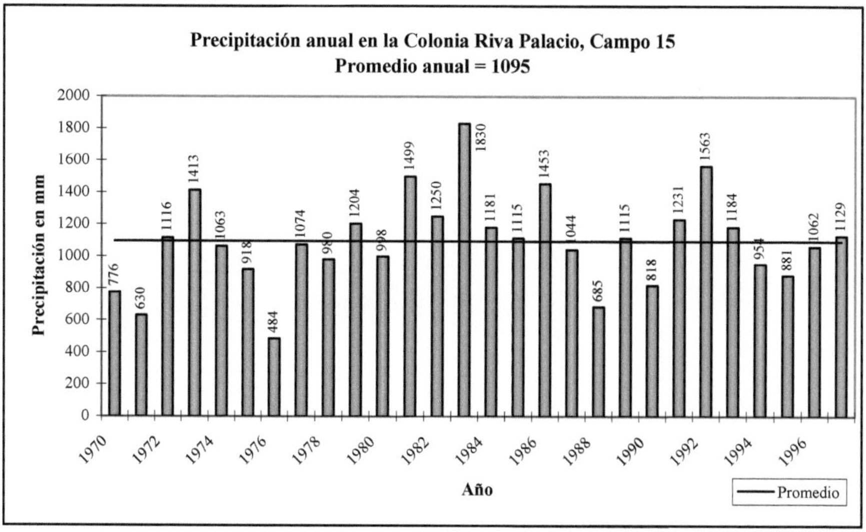

Abb. 33: Niederschlagsverteilung Riva Palacios, Campo 15, jährliche Varianz Quelle: IP-Projekt